U0021118

藍學堂

學習・奇趣・輕鬆讀

the Sketchnote HANDBOOK

→ THE ILLUSTRATED guide to visual NOTE TAKING ←

直覺式塗鴉筆記

修訂版

塗鴉筆記之父找回專注力、激發靈感創意的圖像記錄心法

作者— 麥克・羅德(Mike Rohde) 譯者— 向名惠

給蓋兒、內森、林尼亞和蘭登，
謝謝你們這趟漫長而艱辛的旅途中給予的支持。
你們就是我努力創造和分享思緒的動力。
我愛你們。

數位時代更顯價值的類比經典

RainDog 雨狗，簡報奉行創辦人

麥克・羅德的《直覺式塗鴉筆記》，讓我盼了四年，終於等到了繁體中文版；如今又過了四年，迎來了它的修訂版。八年過後，原書依然留在 Amazon 設計、排版、商務溝通等多個類別的最暢銷書籍排行榜上，而且還是視覺化表達、圖像化思考領域中的唯一一本。有句話特別適合用來形容它：「一直被模仿，從未被超越」！

這本將想法、資訊視覺化的經典之作，將會是你用塗鴉做筆記的最佳入門書。我就是用著它們，完成每一次的簡報投影片。四年前我是先在紙上畫下簡報草稿，如今則是直接用 Apple Pencil 在 iPad Pro 上繪出成品。跟著本書，用最符合人類直覺的類比方式表達，更能讓你在數位時代與眾不同。

這是我讀過最有趣實用的筆記書

歐陽立中，Super 教師／暢銷作家

你知道我最常跟學生說的話是什麼嗎？答案是：「不要相信你的記性，但要相信你的紙和筆！」有陣子，北一女學霸筆記很紅，全台賣破百萬元！我也跟著買了，但不是為了讓學生讀筆記，而是為了告訴他們：「世界上最可怕的，不是人家比你聰明，而是比你聰明的人，竟然比你更努力！」從此，我讓學生整理筆記，建構自己的知識地圖。

當然，對於很多人來說，寫筆記是很痛苦的事，因為他們認知的筆記就是「抄寫」。可是如果換成「塗鴉」呢？我相信你開始感興趣了。麥克．羅德的《直覺式塗鴉筆記》是我讀過最有趣實用的筆記書。你以為筆記用抄的，他告訴你筆記可以用畫的，因為根據「雙碼理論」，同時使用文字和視覺模式，大腦會交叉比對兩者關係，鞏固記憶；你一想到畫圖就頭痛，但他告訴你塗鴉筆記是「想法為重而非藝術性」；你認為做筆記很花時間，但他笑說塗鴉筆記是「邊聽邊畫」的本能反應，聽完了，筆記也就畫完了。

這下，你還有什麼理由不嘗試「塗鴉筆記」嗎？對，拿出紙、提起筆、翻開《直覺式塗鴉筆記》，我們準備盡情塗鴉啦！

再也不用懼怕寫筆記了。羅德揭開塗鴉筆記的真貌，讓大家都可以輕鬆完成。你的大腦日後會感謝他的。

——桑妮 ‧ 布朗（Sunni Brown）

《塗鴉思考革命》（*The Doodle Revolution*）、《革新遊戲》（*Gamestorming*）作者

羅德將其獨創、有趣及巧妙的筆記手法，分解成一個又一個簡單易懂的步驟，讓你我能輕易實踐！

——克里斯 ‧ 古利博（Chris Guillebeau）

《3000 元開始的自主人生》（*The $100 Startup*）作者

塗鴉筆記之父的大作，文字簡潔扼要，內容有趣又難忘，讓你用最快的速度，了解其創意性、速記技巧和商業價值。

——傑佛瑞 ‧ 澤德曼（Jeffrey Zeldman）

《設計網路標準》（*Designing with Web Standards*）作者

這是一本內容詳實好用的工具書，可以快速理解塗鴉筆記背後的理念，並著手創造自己的筆記。逗趣插圖讓人想立刻拿起原子筆，進入塗鴉筆記的世界！

——南西 ‧ 杜爾特（Nancy Duarte）

演講訓練中心 Duarte Inc. 執行長和《視覺溝通》（*Slide:ology*）作者

這不是一本書，而是一個工具。以完全符合大腦運作的方式，更完善的截取、理解資訊。如果你是學生、老師或商務人士，將有可能改變你學習和思考的模式。

——丹尼爾 ・ 科伊爾（Daniel Coyle）
紐約時報暢銷作家、《天才小書》（*The Little Book of Talent*）作者

視覺化筆記的最佳入門指南，更是我讀過最棒的使用說明。

——喬許 ・ 考夫曼（Josh Kaufman）
《不花錢讀名校 MBA》（*The Personal MBA: Master the Art of Business*）作者

Rae Chou **周汭** 視覺圖像記錄師

我是一個塗鴉愛好者，隨身攜帶一本空白筆記本，聽到重要訊息時會將它們寫下，腦中浮現畫面時會用簡單的線條畫出。如果翻開我的筆記本，你會看到充滿文字的頁面，也會看到塗鴉與文字穿插的頁面，甚至會看到一整頁的鬼畫符，因為這是個人的筆記本，自由發揮！

相信每一個人都可以畫出屬於自己的塗鴉筆記，
在這空白頁面的舞台上，我們都是塗鴉指揮家！

粉專：Rae Chou ｜視覺圖像記錄 https://www.facebook.com/RaeChooou/

快來一起踏入這個不正經
卻更有效率的塗鴉世界吧！
Rae

Rae Chou 周汭

RAE Studio 負責人，擅於將接收到的訊息，透過想像力、聯想力，編織成豐富有趣的圖文創作。平時喜歡捕捉天馬行空的想法，透過專注將它們創造實現。

0到100的視覺筆記旅程
我從小超♡畫圖
上課不要畫畫!
你知道視覺紀錄嗎
直到
2015開啟
的旅
持續累積實作視覺筆記
100
塗鴉筆記
首本入手的指導書
視覺筆記師邱奕霖
你是否曾經
有筆記困擾!
覺得自己不會畫圖沒有天份?
其實...
視覺筆記非藝術性
重點在"傳達"想法
聆聽
抓大方向
加入個
抓取有意義的想法
推薦塗鴉筆記
邱奕霖 視覺筆記師

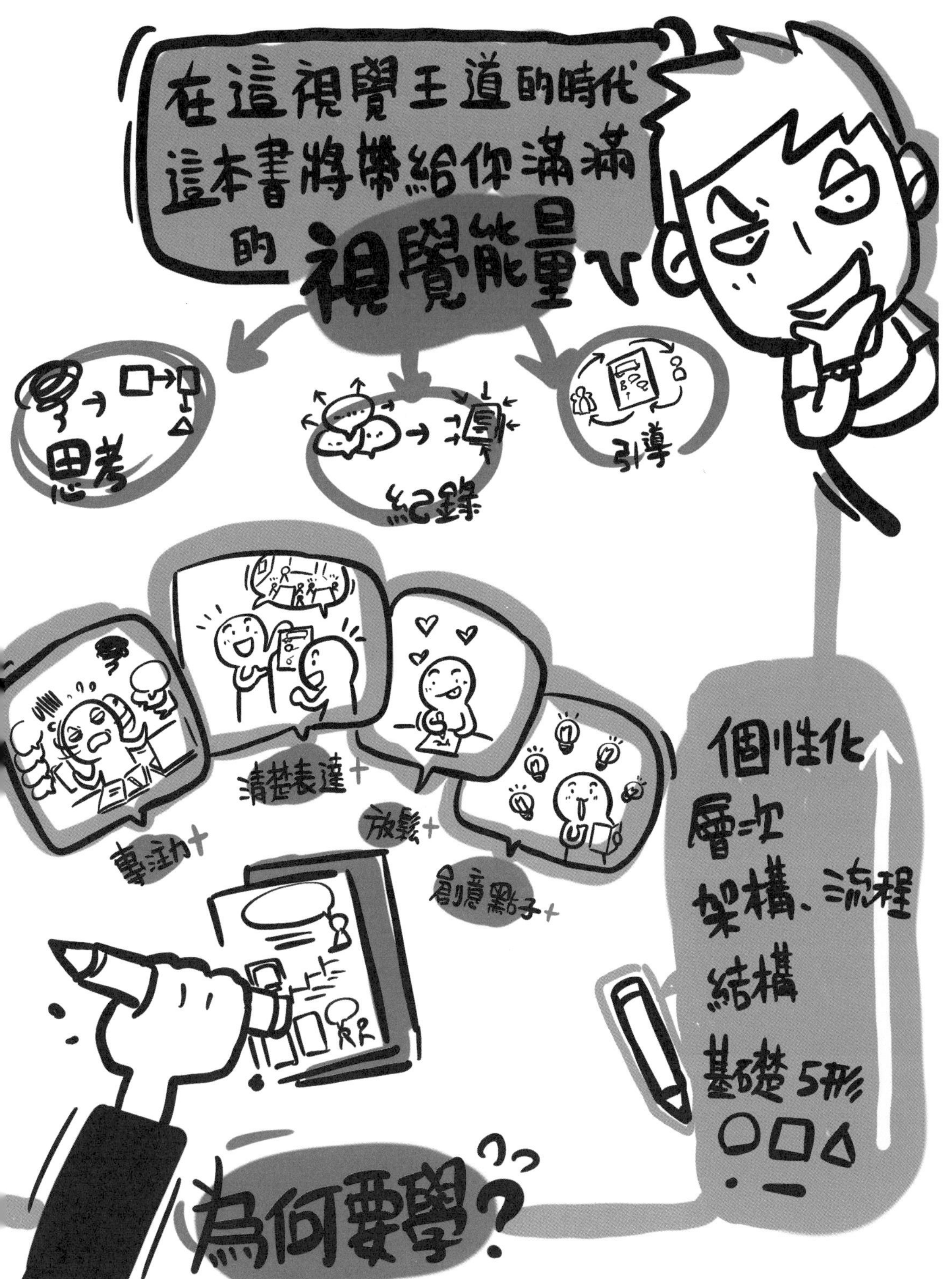

在這視覺王道的時代
這本書將帶給你滿滿
的視覺能量
思考
紀錄
引導
清楚表達+
專注力+
放鬆+
創意點子+
個性化
層次
架構、流程
結構
基礎5形
為何要學?

推薦塗鴉筆記

薛良凱 普拉爵文創創辦人

第一次用畫圖推薦，希望各位可以從這裡，看出這本書的價值。

圖像筆記的好處很多，圖像可以儲存較多訊息，把記憶存進大腦與提取也快速。比方這圖上的花與蝴蝶，要比一堆字更易抓到重點。

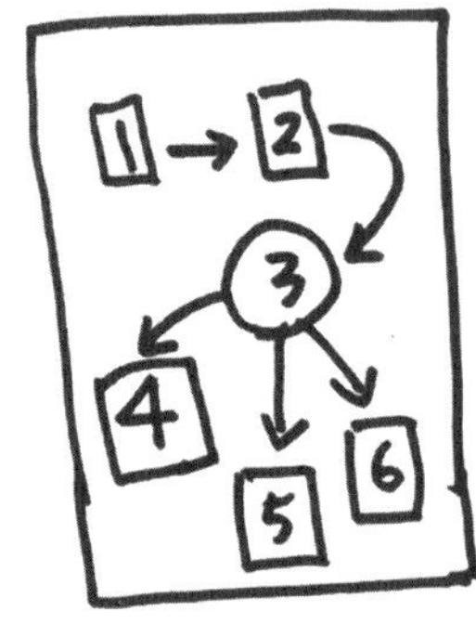

圖像工具很多，像流程表的瞬讀性，就讓文字望塵莫及。

圖像筆記容易理解，對於要表達的訊息，簡單明瞭。文字往往落落長寫很多，還要鋪陳什麼的，比不上一張圖來得快。比方這張圖，我幾乎不必說明，你都知道這傢伙是開心、煩惱、還是害怕。

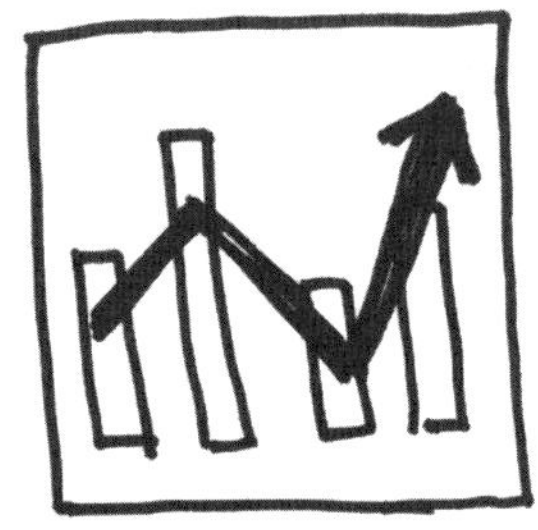

要能一看就懂，而且還能影響心理，也非圖像不可！像是向上箭頭一出現，許多業務的鬥志都上來了！

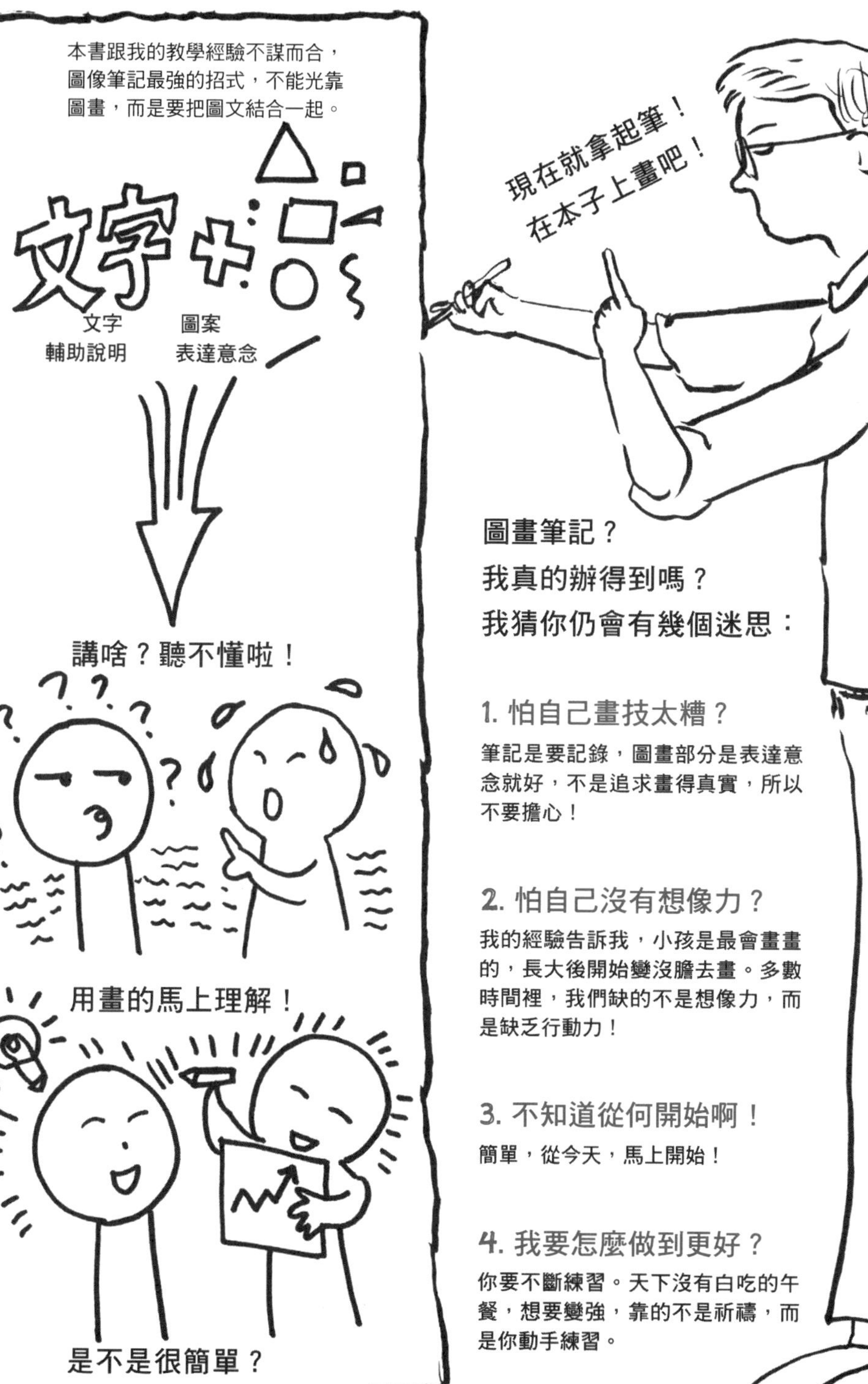

本書跟我的教學經驗不謀而合，
圖像筆記最強的招式，不能光靠
圖畫，而是要把圖文結合一起。
文字+
文字
輔助說明
圖案
表達意念
講啥？聽不懂啦！
用畫的馬上理解！
是不是很簡單？
現在就拿起筆！
在本子上畫吧！

圖畫筆記？
我真的辦得到嗎？
我猜你仍會有幾個迷思：

1. 怕自己畫技太糟？

筆記是要記錄，圖畫部分是表達意念就好，不是追求畫得真實，所以不要擔心！

2. 怕自己沒有想像力？

我的經驗告訴我，小孩是最會畫畫的，長大後開始變沒膽去畫。多數時間裡，我們缺的不是想像力，而是缺乏行動力！

3. 不知道從何開始啊！

簡單，從今天，馬上開始！

4. 我要怎麼做到更好？

你要不斷練習。天下沒有白吃的午餐，想要變強，靠的不是祈禱，而是你動手練習。

CONTENTS

0 專文推薦

推薦塗鴉筆記

引言 18

1 什麼是塗鴉筆記？

CONTENTS

5 塗鴉筆記種類

6 從草稿到具體成形，營造出你獨有的畫面

7 塗鴉筆記的技術和技巧

引言

2006 年的冬天，我實在受夠了。

我煩死了，覺得好厭倦，發誓在找到一個更好的筆記法前，不會拿起我的自動鉛筆或超大筆記本做任何筆記。

現在回想起來，我實在無法理解為何筆記會變成這麼大的負擔。高中和大學時，我明明非常喜歡用視覺來表達想法，輕鬆讓文字交融於插畫、圖示和字形當中。

可是，隨著年紀增長與出社會工作後，我不知不覺失去方向。大學時慣用的隨興、視覺式筆記方法，慢慢轉變成繁冗瑣碎、純文字式的死亡進行曲。最為矛盾的是，我成了一個痛恨寫筆記的筆記達人。

為我的困擾帶來解方的，是一本空白、口袋大小、整齊擺在書櫃上的 Moleskine 筆記本。我突然發現，這本幾個月前衝動買下的袖珍筆記本，再配上一枝無法塗改的墨水筆，或許能挑戰我過度注重細節及精確性的思考模式。

2007 年 1 月，我帶著這本 Moleskine 和一枝中性筆，前往芝加哥的一場論壇，嘗試塗鴉筆記法。我是否能完成記錄更少但品質更好的筆記呢？若將重心放在品質，我是否能容許自己犯點小錯呢？增加一些插圖，我是否可以重拾做筆記的樂趣呢？做筆記是否能夠再度變好玩呢？

我最後對於上述所有問題的答案都是肯定的 YES ！當我記下第一件塗鴉筆記時，終於可以放慢腳步，仔細聆聽演說者的重要想法。我愛上了墨水筆這種一下筆就無法回頭的特點。最棒的是，我又重回做筆記很享受的美好時光了。

歷經這次改變思考模式的經驗後，我開始透過部落格「The Sketchnote Army」、利用各種演說、研討會，努力傳遞我對塗鴉筆記的熱愛。我特別喜歡分享為何塗鴉筆記法更能做出很棒的筆記、解釋該從何處著手進行，以及鼓勵人們放手嘗試。我對塗鴉筆記的熱愛，就是令我甘願花上數百小時寫作、繪圖和設計本書的動力。誠摯希望你能跟著本書章節走到最後，並在日後下筆時，能和我一樣享受做筆記的樂趣。

本書是寫給誰看的？

不論你會不會畫畫，我要告訴你，任何能拿起筆的人都能從書中得到想不到的好處。塗鴉筆記的精髓在於聆聽和抓住有意義的想法，而不是你的繪畫功力。

請相信我，你也做得出塗鴉筆記。我會教你如何用簡單的圖形，創作個人化的圖樣字形，還有如何使用其他手繪元素來幫助你用視覺表達想法。就算你無法畫出一條筆直的直線，在經過一些練習後，你還是可以學會塗鴉筆記。

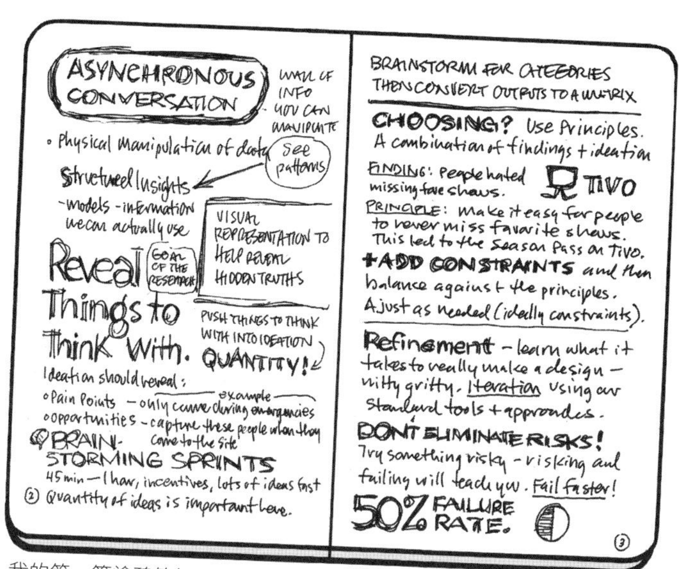

我的第一篇塗鴉筆記：UX Intensive 2007

什麼是直覺式塗鴉筆記？

這是一本淺顯易懂、視覺化的說明手冊，目的是快速教導讀者關於塗鴉筆記的基本概念、方法和技巧，任何人都能馬上開始創造專屬於自己的筆記。

本書的每一頁都充滿用心的手繪，希望能讓你感受到用圖案和文字齊頭並進的筆記有多有趣。與其耗費文字長篇大論，我決定身體力行來教導大家。因此，我將整本內容製作成一篇又長又生動的手繪筆記，希望能激發大家。

塗鴉筆記：CHAPTER 4

塗鴉筆記社群

當然，我絕非世界上唯一使用塗鴉筆記的人。全世界各地都有人在創作、分享他們的作品，對此我充滿驚喜，也很興奮。而我在網路上和研討會分享及討論的過程中，認識了許多志同道合的好朋友。

也因此我邀請了 15 位來自世界各地的頂尖塗鴉師好友，為本書創作 2 頁筆記，當中介紹他們的背景、如何開始塗鴉筆記，並分享一、二個有幫助的小祕訣。

這些範例放在每章的最後，我期許你欣賞這些作品時，可以留意到不同的世界觀、每個人消化資訊的方式和獨一無二的風格。這也是塗鴉筆記會如此有趣的地方！創作從來沒有所謂的對與錯。

我會教你一些基本原則，但當你開始下筆塗寫，發現原來筆記可以盡情揮霍想像力，連最無趣的會議也能讓你充滿期待並全神貫注時，就是你能真正體會到樂趣的時刻了。

延伸學習

我鼓勵你分享自己的作品到塗鴉筆記的 Flickr 社群（www.flickr.com/groups/thesketchnotehandbook）。我隨時都在那邊逗留，並期待見到你分享學習的過程。

你也可以到我的個人網站瀏覽更多作品或聯絡我（rohdesign.com 或 twitter.com/rohdesign）。歡迎你分享對本書的意見及學習經驗。

請拿起你的筆和紙，開始吧！

LET'S GO!
我們開始吧！

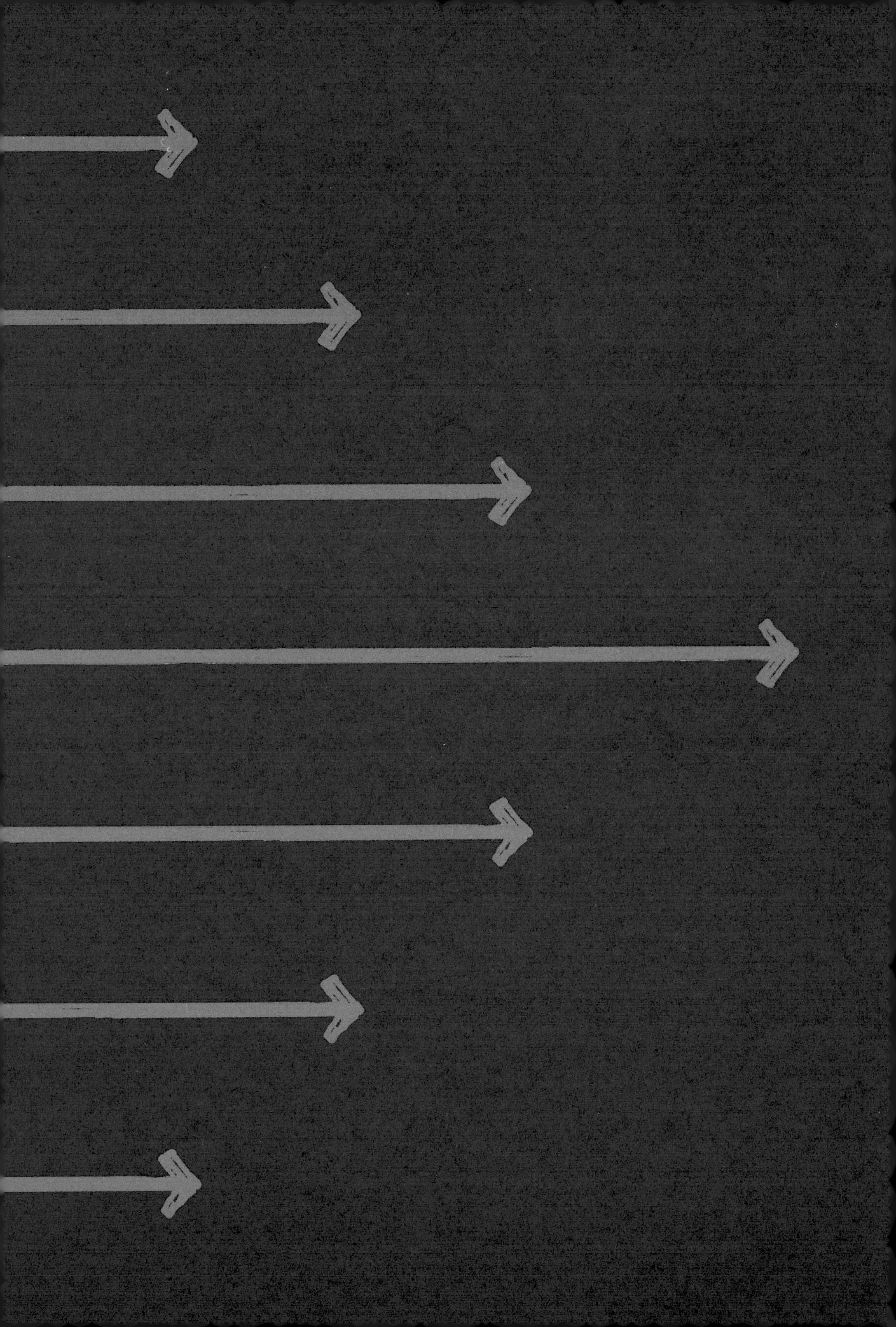

CHAPTER 1

什麼是

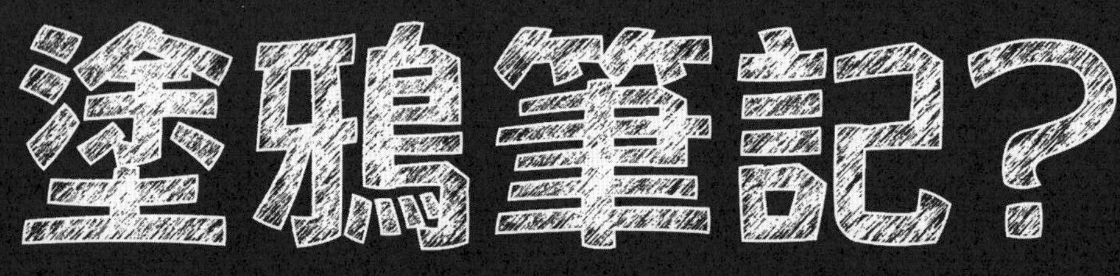

塗鴉筆記充滿視覺效果，

筆記裡混搭了

手寫字、繪畫、手繪風格的字形、形狀

還有箭頭、框框和線條等

視覺化元素。

塗鴉筆記是

苦惱的產物！

我好苦惱。我在開會和會談中做的筆記，充滿細節，只有文字。在超大本橫線筆記本上，我越努力抓住每一個細節，壓力就越大。更糟的是，寫完這些筆記後，我從來沒有再回頭多看一眼。

ARG! I HATE THIS!

啊！我恨死這樣了！

A PENCIL

I was so worried about making mistakes, I took my notes in pencil, so I could erase any errors.

一枝鉛筆

我總是擔心會出錯，所以用鉛筆寫筆記，出錯時才可以更正。

A LARGE, LINED NOTEBOOK

Because I tried to capture every detail, I needed large pages to store all of that information.

一本超大橫線筆記本

因為我試圖記下每一個細節，所以需要超大頁面記錄所有訊息。

我決定

並

與其

擔心每個小細節

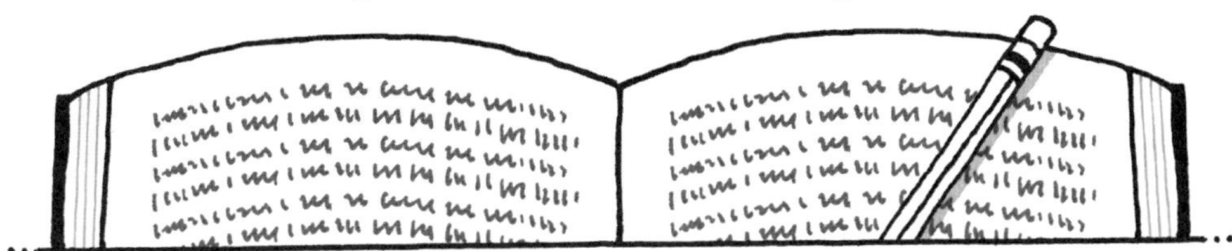

不如放輕鬆

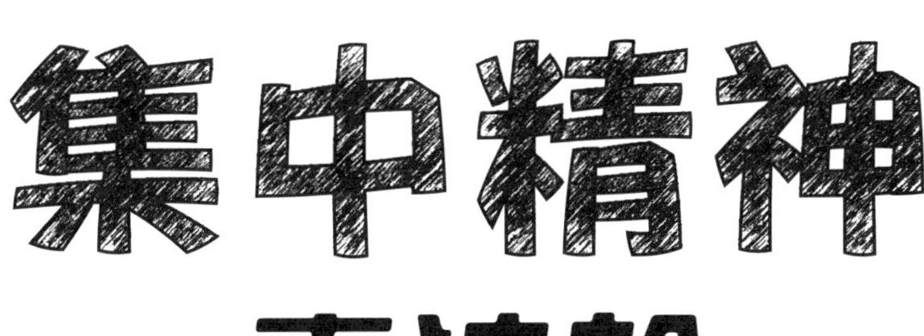

專注於

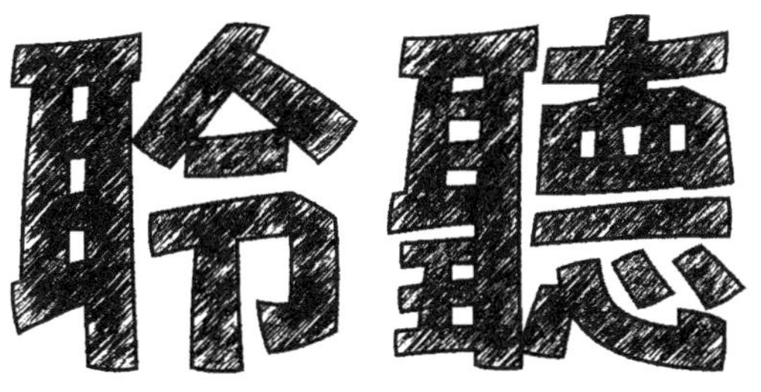

而且

重心聚焦在

the BIG IDEAS. 抓住大方向

INSTEAD of using a PENCIL & LARGE NOTEBOOK

與其用鉛筆和大型筆記本

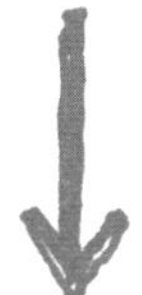

I Limited MYSELF TO A PEN & A POCKET MOLESKINE SKETCHBOOK.

我限制自己只能用
一枝原子筆和一本口袋大小的
Moleskine 素描本。

我決定挑戰

去寫去畫

這種新的筆記方式

不只令人愉悅 也更

我更能專注於**主要重點**，

使用繪圖、字體和純文字來表達**概念**。

JON
MUELLER
強．穆勒
Handwriting helps describe concepts verbally.
手寫字可以更生動表達概念

這個過程
我命名為

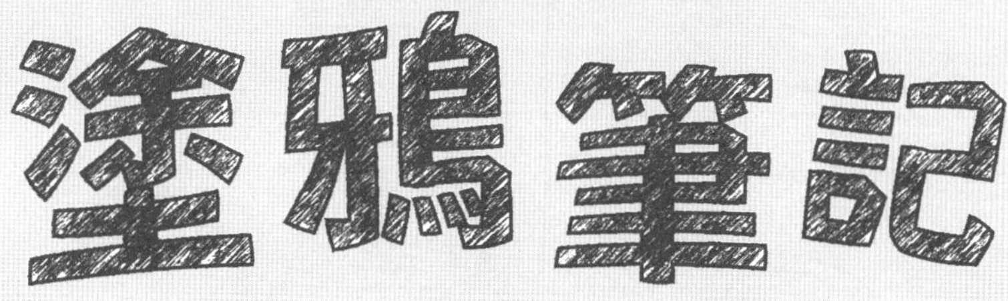

塗鴉筆記不枯燥無趣
沒有繁雜細節，卻簡單明瞭。

我的個性

融進我的塗鴉筆記，
就像烤餅乾中的巧克力碎片一樣。

塗鴉筆記是視覺化地圖

其內容由下列活動構成：演講、座談會及個人體驗。
如同松鼠撿拾堅果的行為般，
蒐集並儲存有意義的想法和點子。

這種**視覺化的全方位筆記方式**需要全神貫注
你才能邊聆聽邊動手
將想法轉換成具體的**視覺化筆記**。

手腦並用的結果，
讓你可以記住更多聆聽與繪圖的內容。

塗鴉師在他們的筆記中

注入獨特的個性

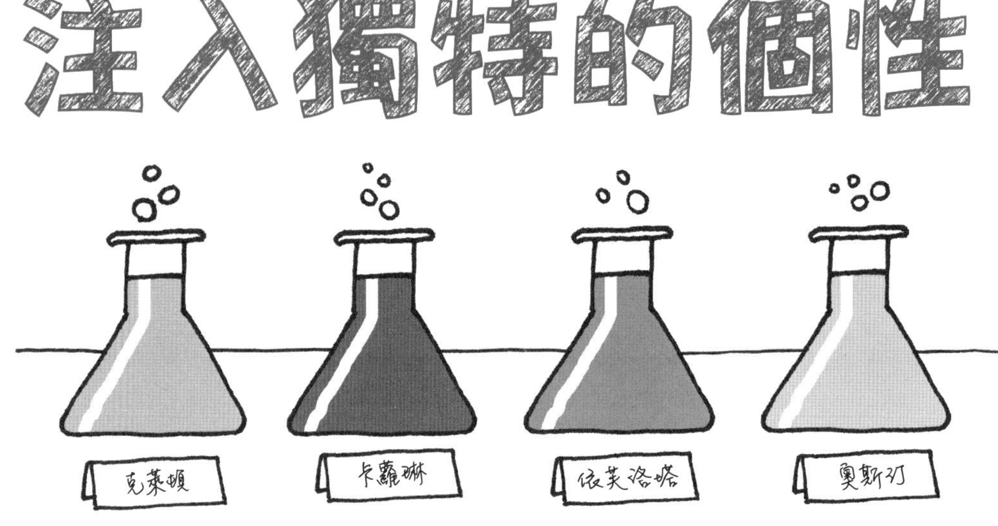

上至繪圖與書寫風格，
下至記錄的想法，以及在紙頁上
傳達這些想法的表現法。

結果呢？

雖然每個人都用相同的基本原則，
但每一張塗鴉筆記都有獨特的風格。

如何創造塗鴉筆記？

塗鴉筆記是在聆聽簡報、演講或座談會時同步創作出來的。

下筆時，你需要仔細聆聽重要的想法，思考這些想法的意義，然後製作出一個視覺化的地圖。你的目標是放棄小細節，將重點放在與你產生共鳴的好創意上，將它們轉換成圖文並茂的視覺化筆記。

創造塗鴉筆記
無論是使用紙筆或數位方式，
方法都是一樣的。

最重要的問題是：

我也可以
創作塗鴉筆記嗎？

是的，你絕對可以。

很多人說他們不會畫圖，
所以沒辦法創作塗鴉筆記。
錯，你可以畫的。
只要你重新找回
童年時的自己！

小孩
總是畫不停！

他們輕鬆自在的揮灑
想法，不假思索的
畫出各種想像。

知道嗎？

你也曾經是個孩子。
我敢打賭當時的你也瘋狂揮灑過。

小孩透過畫圖表達想法。

他們從不擔心
這些畫是否夠完美。只要

成功傳達

5種基本元素

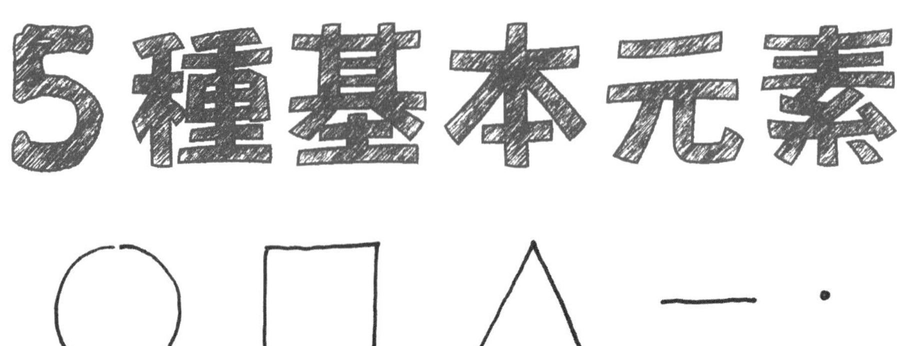

圓形　　正方形　　三角形　　線條　點點

你想畫的一切事物
都可以用這 5 種基本元素畫出來。

在以下的簡易插圖中，你找得到5種基本元素嗎？

只要你了解周遭的事物如何由這 **5 種元素構成**，
畫出各種不同的東西就會變得簡單多了。

IDEAS, NOT ART!

想法為重，而非藝術性！

目的是掌握與分享想法，
藝術性並非重點。

塗鴉筆記是
一種使用圖案和文字，
在紙張上進行的思考模式。

不管怎樣畫，都是一隻狗。

就算畫的再潦草，
還是可以有效的
傳達想法。

與其擔心
你畫不出來的圖，
倒不如從
你可以畫出的
簡單圖形開始。

閱讀本書後續的章節，再多加練習，
都會幫助你增進繪畫技巧。

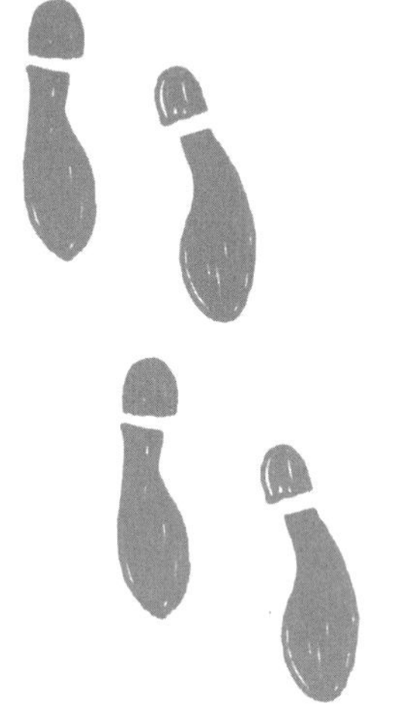

ONE STEP 一步一腳印

當你要接觸任何新的事物，
都要緩步踏實的學習，
以及累積成功的經驗。

邁出第一步：

在你常用的筆記本上，
留下一小塊空白，練習塗鴉技巧——
就算只是畫出講者的容貌。

當你試驗並嘗試書中的簡易技巧時，
等於學會了更多視覺化思考的技巧。
而藉由一步一腳印的努力，
你的筆記會越來越豐富精彩。

小結

RECAP

- 一般的筆記讓我好苦惱，於是我利用畫圖來輔助呈現重要的想法。
- 設定一些限制，有助於我更從容的抓住重點內容。
- 塗鴉筆記是豐富、視覺化的記事方法，如同想法地圖般呈現出你的所聽所聞。
- 手腦並用，有助於你全神貫注，日後還能想起更多的細節。
- 塗鴉筆記可以融入個人風格，讓內容更精彩。
- 只要使用正方形、圓形、三角形、線條和點點，就可以畫出所有事物。
- 塗鴉筆記的重點是表現想法，而非藝術性！
- 一步一腳印，累積成功的經驗。

★ 下一步：為何需要塗鴉筆記？

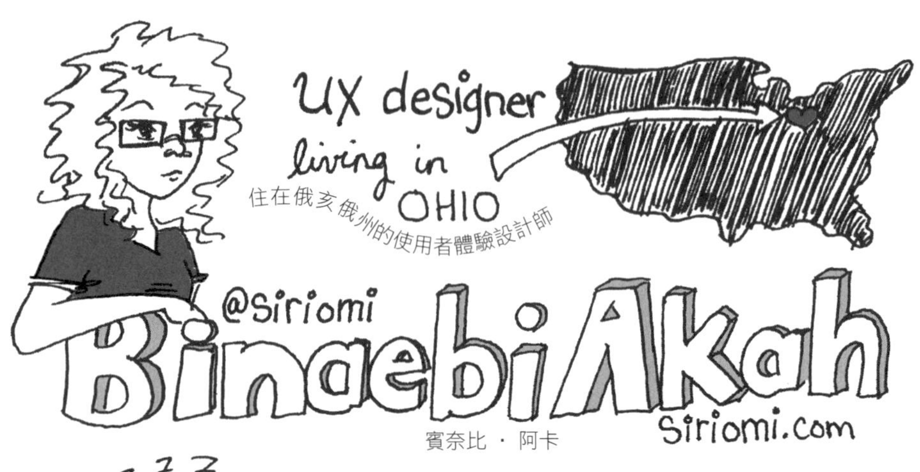

z z z Z

Began sketchnoting in a DESPERATE attempt staying awake during a grad school lecture

在一堂研究所的課堂上，
我拚命讓自己別睡著時，
開始做塗鴉筆記。

But now I love it because it engages my mind and triggers my memory

現在我超愛它的，
因為它讓我精神集中，
還能喚起記憶。

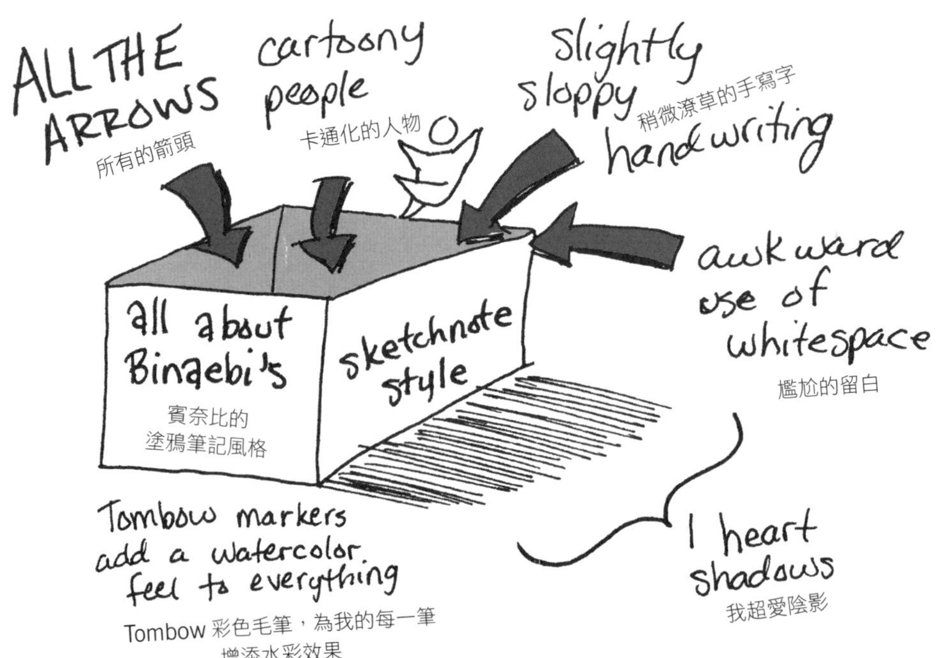

小祕訣和偷吃步

Listen for the things that make you nod, frown, smile...

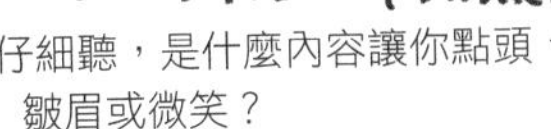
仔細聽，是什麼內容讓你點頭、
皺眉或微笑？

that means something resonated!

這就是引發你共鳴的部分！

always draw the head first when drawing people

畫人物時，
從頭部開始畫起

it gives you a scale to work with!

給你一個可以
依據的比例尺！

Le Pen is my current favorite

Le Pen 目前是我
最喜歡的筆

- ☑ micron 筆芯很細
- ☑ ball point 圓珠筆
- ☑ sharpie pen 簽字筆筆芯
- ☑ prismacolor pen 多種顏色

doesn't bleed
書寫時
不會滲透

smooth writing
書寫流利

quickly dries
很快乾

the CANSON wire-bound hardcover sketchbook

Canson 精裝雙環素描本

1. Can draw in my lap
2. Easy to flip pages

1. 可以放在腿上作畫
2. 很容易翻頁

I draw heart balloons over my "unfixable" mistakes

我會畫一個愛心形氣球
覆蓋無法塗改的錯誤

持續作畫吧！

♡ 愛你所有的錯誤

CRAIGHTON BERMAN

克雷頓 · 博曼

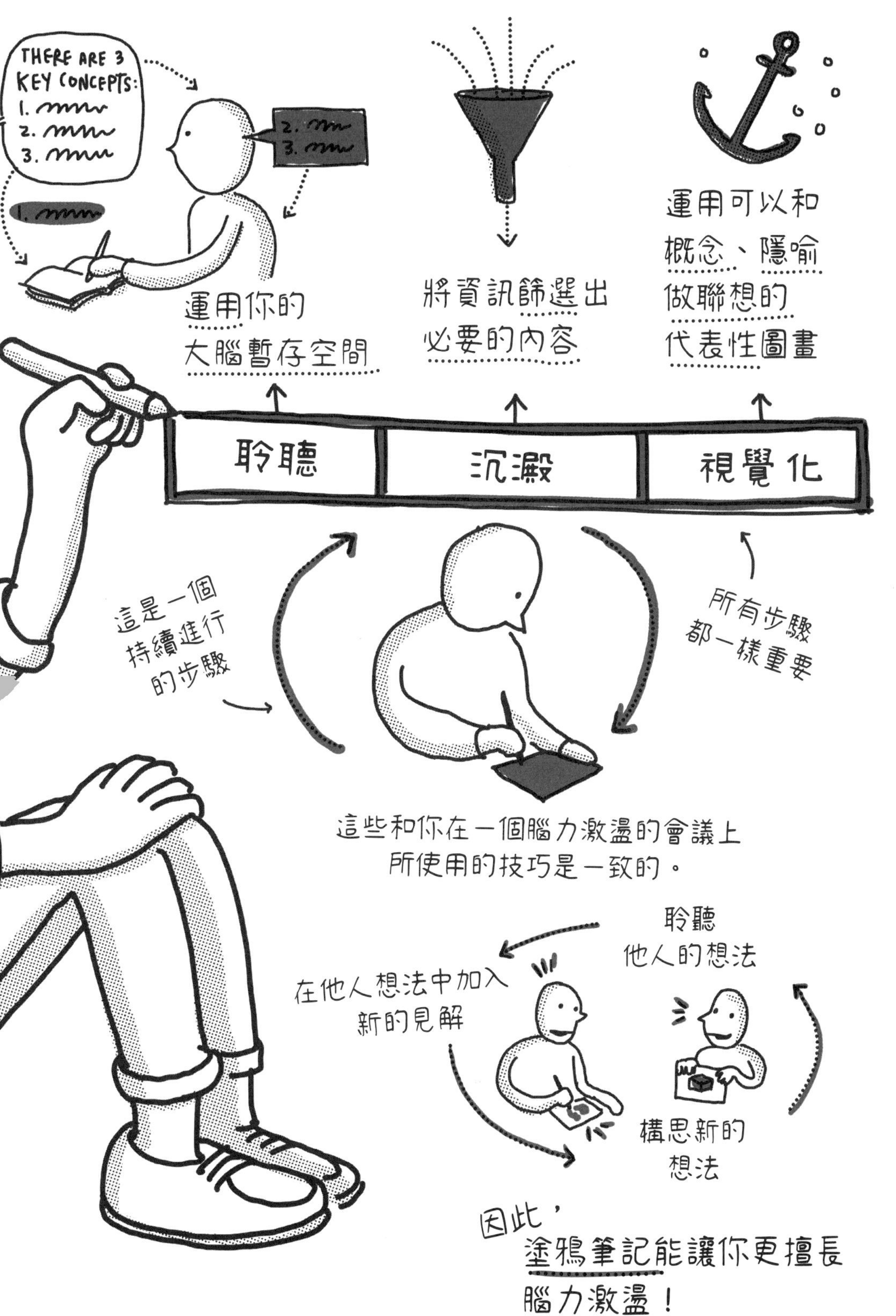
THERE ARE 3 KEY CONCEPTS:
1.
2.
3.
2.
3.
1.
運用你的
大腦暫存空間
將資訊篩選出
必要的內容
運用可以和
概念、隱喻
做聯想的
代表性圖畫
聆聽
沉澱
視覺化
這是一個
持續進行
的步驟
所有步驟
都一樣重要
這些和你在一個腦力激盪的會議上
所使用的技巧是一致的。
聆聽
他人的想法
在他人想法中加入
新的見解
構思新的
想法
因此，
塗鴉筆記能讓你更擅長
腦力激盪！

CHAPTER 2

塗鴉筆記？

如果傳統的純文字筆記就夠用了，
為什麼還要多花費力氣
創造塗鴉筆記？
因為塗鴉比文字
更能刺激大腦運轉，
幫助你記住更多關鍵細節！

塗鴉筆記促使你的

→ 大腦全面啟動 ←

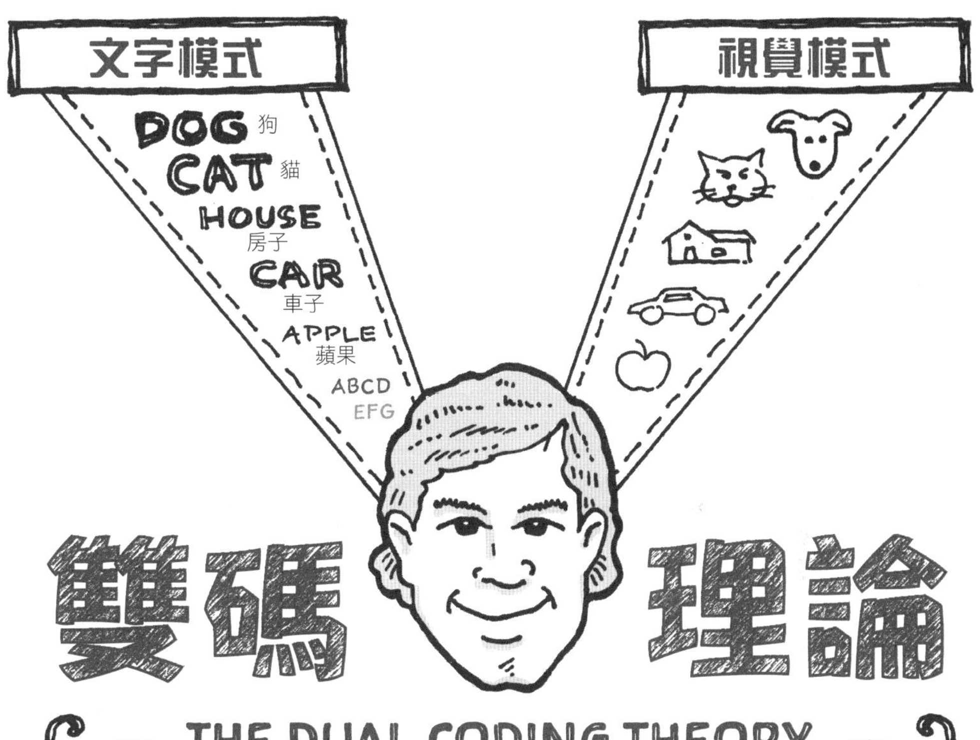

認知心理學家艾倫・帕維奧(Allan Paivio)
在1970年代提出的**雙碼理論**指出，
人類大腦主要使用兩種管道處理資訊：
文字及視覺。

★ **文字** ★
用言語文字傳達概念

★ **視覺** ★
用圖像傳達概念

當你同時使用兩種模式，
大腦會生出一個連結文字和圖像的資料庫，
交叉比對兩者的關係。

塗鴉筆記能夠刺激文字和視覺模式來捕捉概念。
你**整個大腦**都會沉浸在
聆聽、沉澱和抓住關鍵想法的過程中。

塗鴉筆記創造出一幅

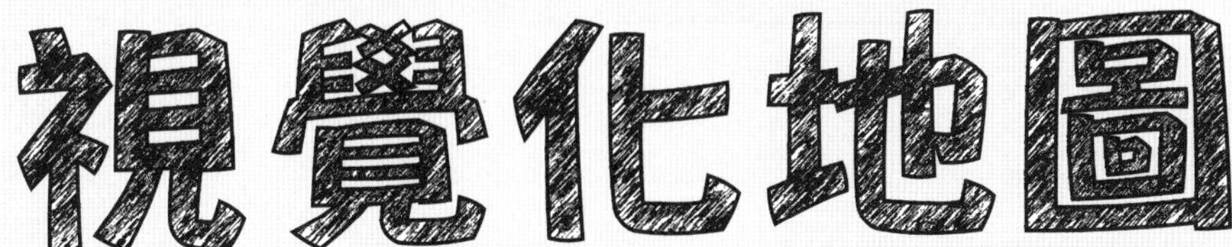

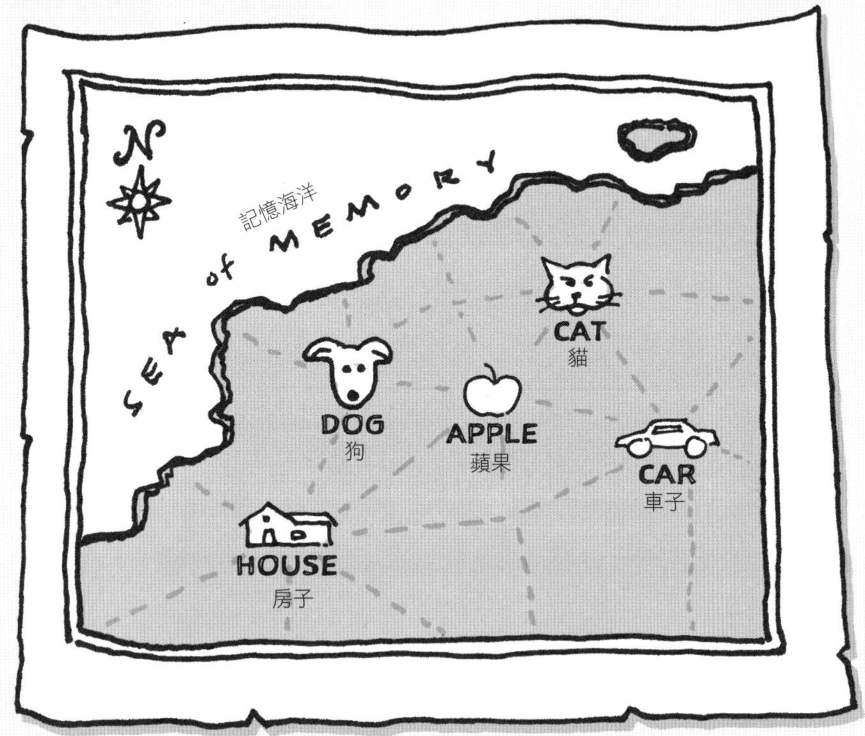

當大腦將文字和視覺概念相結合編碼時，
同時也創造出一幅將你
所見、所聞及所思視覺化的地圖。

活動整個大腦還有其他有益效果，例如：
增強記憶力及回憶力。

你創造出的視覺化地圖

有助於你回想起某場簡報的細節。瀏覽我的塗鴉筆記時，
往往能喚回當時的思緒、感覺和其他細節。

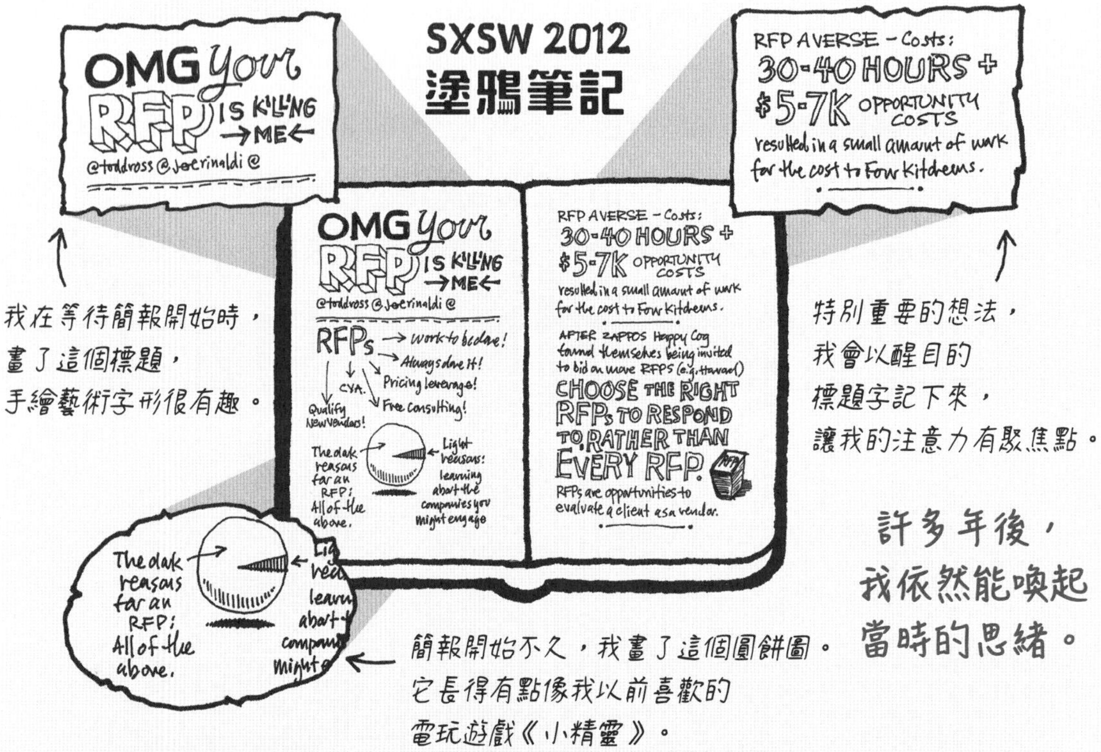

SXSW 2012
塗鴉筆記

OMG your RFP IS KILLING → ME ←
@toddross @joerinaldi @

RFP AVERSE – Costs:
30-40 HOURS +
$5-7K OPPORTUNITY COSTS
resulted in a small amount of work for the cost to Four Kitchens.

我在等待簡報開始時，
畫了這個標題，
手繪藝術字形很有趣。

特別重要的想法，
我會以醒目的
標題字記下來，
讓我的注意力有聚焦點。

The dark reasons for an RFP: All of the above.

簡報開始不久，我畫了這個圓餅圖。
它長得有點像我以前喜歡的
電玩遊戲《小精靈》。

許多年後，
我依然能喚起
當時的思緒。

一項調查研究中，40位志願者
聽了一段平淡無趣的電話留言，長達2分鐘。
其中20位邊聽邊動手，另外20位則毫無動作。

在結束後的隨堂問答中，
20名隨興塗鴉組的受測者，比起無塗鴉組的受測者，
多回想起29%的留言內容。

資料來源：英國《衛報》（The Guardian），2009年2月26日

將當前聽到的想法**創造成塗鴉筆記**，
有助於你專注在當下。

當你的身（手指）心（大腦）
要合一運作時，
根本沒有分心的餘地。

1

當你透過練習，
逐步提升
表現技巧時，
邊聽邊畫
就會感覺更像

本能的反應。

每當書寫塗畫時，

我會全神貫注的傾聽所有訊息，

然後轉化為一篇又一篇的

聚精會神聆聽、抽解分析，

再將想法在紙頁上圖像化，會讓我到達

→ 忘我境界 ←

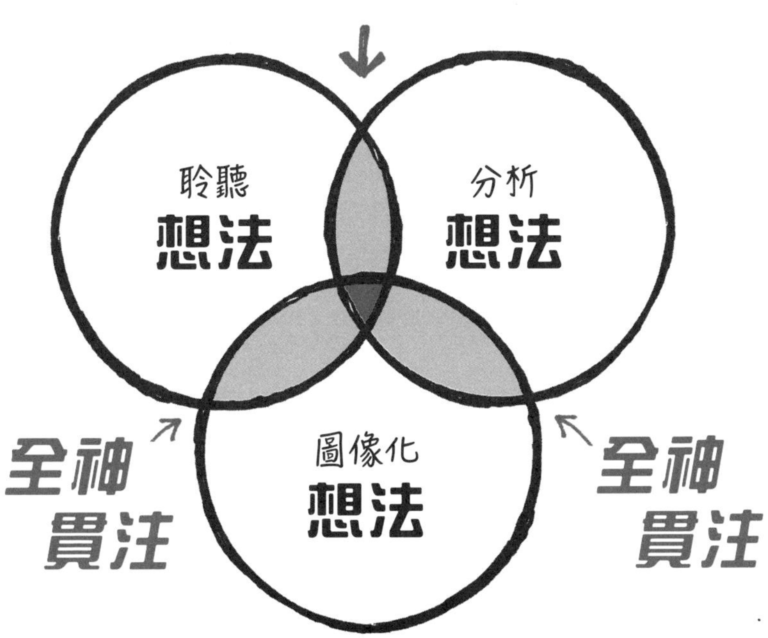

一段
詳盡的描述

一個
簡單的圖示

樹是多年生、
木本植物，
通常一根主幹
拔地生長到一定高度
會開始長出分枝。

複雜的觀念，用圖示往往比落落長的文字
更能清楚表達。

同樣一個概念，
用圖像表現，
往往比言語文字詳細解說
還省時間。

當你需要在短時間內，
消化大量飛快湧入的想法時，
概念視覺化的技巧
特別有幫助。

塗鴉筆記讓人很

Relaxing

放鬆

當我做
傳統的文字筆記時，
總是

是否遺漏了
什麼重要的細節。

改換成

塗鴉筆記

解放我

注意力也能專注於

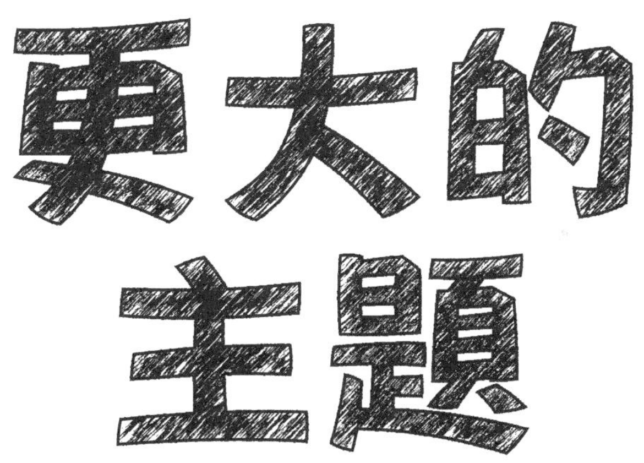

我能夠放鬆心情，聽出關鍵要點，並將捕捉到的概念，轉化成

視覺語言。

Creating Sketchnotes is DYNAMIC and FUN!

塗鴉，帶來活力又充滿樂趣！

當腦中全部的語彙
和視覺思考技巧完美融合時，
這種感受令我對
塗鴉筆記欲罷不能。

塗鴉讓人放鬆，
全心留意演講者的重點
並享受將腦內思緒轉換成
樂於分享他人和反覆翻閱
的視覺化筆記。

小結

RECAP

- 雙碼理論認為，大腦會使用文字和視覺兩種模式來處理概念。
- 同時使用兩種模式會讓大腦交叉比對，將你抓住的想法變成視覺化地圖。
- 視覺化地圖能幫助你在幾天、幾個月，甚至好幾年後，依然能回想起當時的細節。
- 做塗鴉筆記有助於提升專注力，因為當你全心投入時，根本沒有分心的餘地。
- 反覆練習塗鴉筆記，這項技能就會感覺更像本能的反應。
- 塗鴉筆記有助於你全神貫注，到達渾然忘我的境界。
- 比起複雜的言語文字描述一個概念，簡單的圖像繪製更快速，也更有效率。
- 塗鴉筆記有助放鬆。放下鑽牛角尖的細節，掌握重點和大方向

★ 下一章：下筆前，先學會怎麼聽！

領銜介紹人

BOON YEW CHEW

互動設計家
&問題解決者

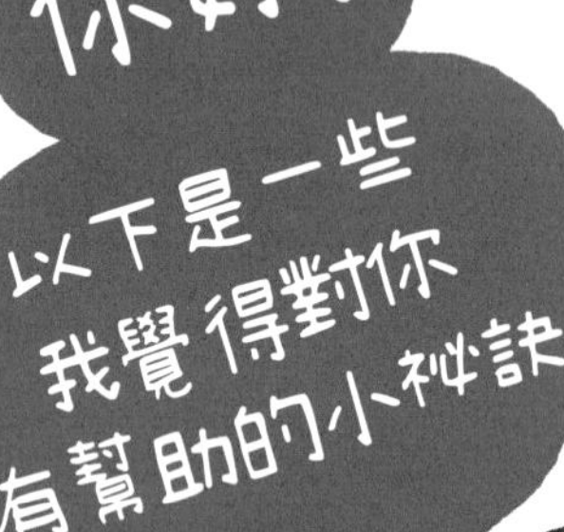

祕訣 #1
用塗鴉展現
你所
聽到的！

祕訣 #2
開頭
小量+簡單
細節
邊畫邊加…

祕訣 #3
多方嘗試
不同
字形

祕訣 #4
不妨偶爾打破常規的方式……來點不同的樂趣吧！！！

關於 Boon 的小趣事……

我最喜歡的筆

0.38 中性筆

「便宜又繽紛的好品質」

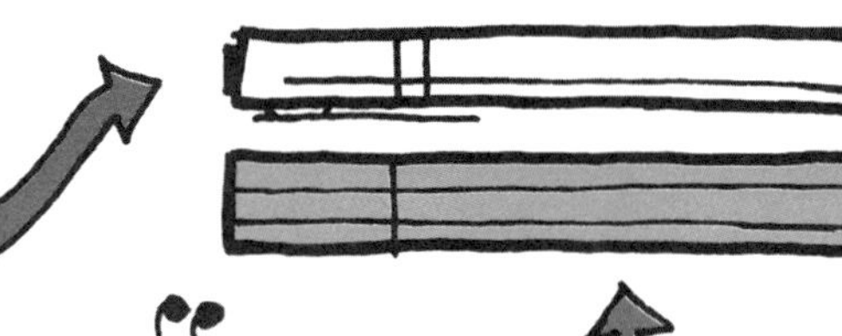

六角形雙頭筆

「書寫粗體或細體字都很好用」

ABC ABC

我做了7年的軟體開發，從來沒有見過這隻貓……

可是竟然遇見這隻北極熊……

(LIVE HERE)
現居地倫敦
LONDON

(STUDIED HERE)
在堪薩斯讀書
KANSAS

My name is
VERONICA ERB.
I'm a UX Designer
in Washington, DC.
@VERBISTHEWORD
VERONICAERB.COM
Hi!

我的名字叫做薇若妮卡 · 艾爾布，
是一名使用者體驗設計師，
住在華盛頓特區。

找尋可以進行下一步的線索。

TITLE 標題

演講的主題和架構，還滿可靠的。

DESCRIPTION 介紹

知道演講的大範圍就好，但由於講者可能過於綴飾，不是太可靠。

SPEAKER STYLE 講者風格

版面架構和節奏的線索

這兩個跨頁做的計畫，多過於你理應花在任何筆記的時間。

先做該做的。

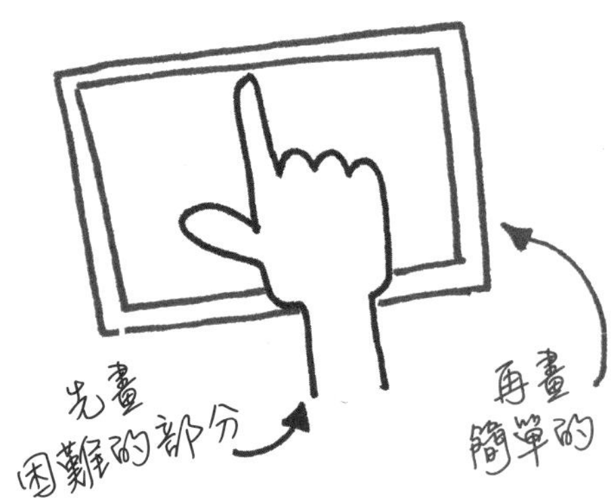

Discoverable

迅速寫下字首，剩下沒寫完的有空再補上。

開始塗鴉筆記，我是為了練習在紙上寫下腦袋的想法。多年來我因為出於**好玩**不斷塗畫，累積了不少自己的視覺語彙，所以已經能專注於創作有效率且易懂的筆記。以下是我慣用的**步驟**：

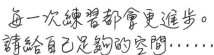

STEP 3
在結論和Q&A
問答時：精煉
REFINE.

不同的想法

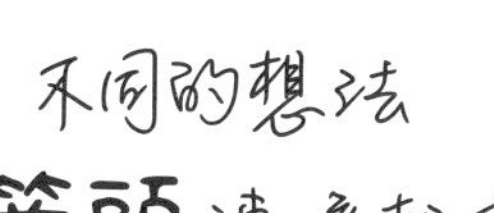

用**箭頭**連接起來

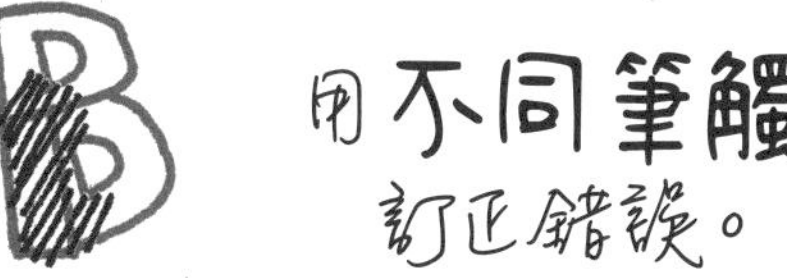

用**不同筆觸**
訂正錯誤。

用**外框**
增添炫目效果

用上述3個方法

調整

層次架構

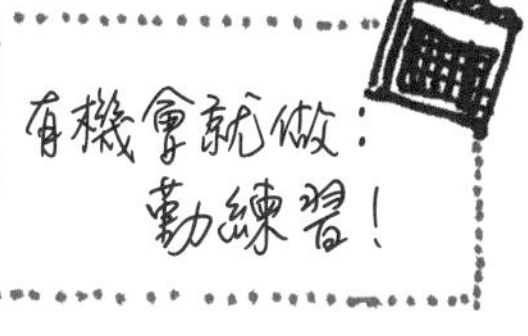

塗鴉筆記是一種

每一次練習都會更進步。
請給自己足夠的空間……

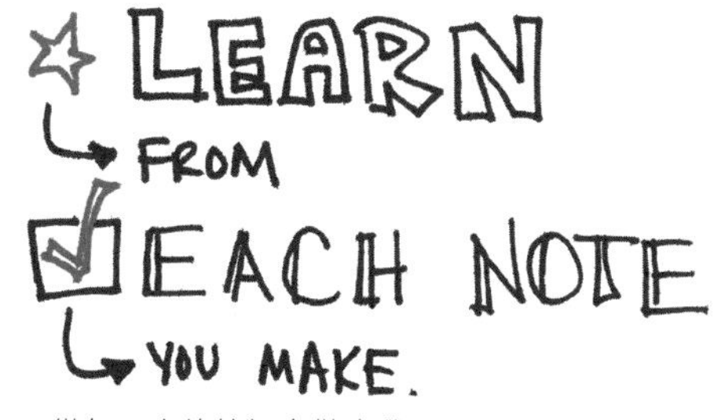

從每一次的筆記實做中學習。

加油，好好**玩**吧！

CHAPTER 3

下筆前，

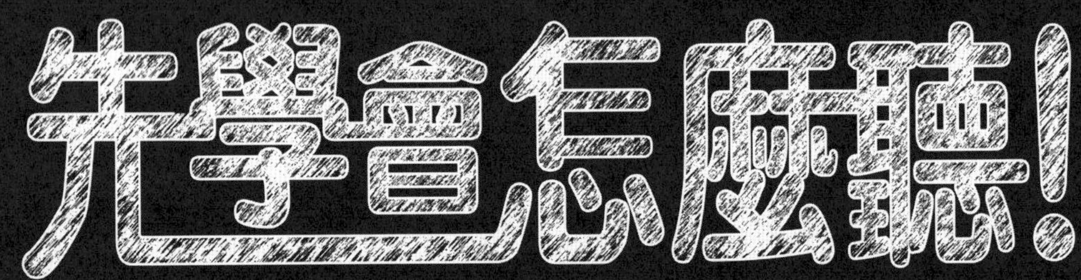

將抓住的重點化為塗鴉筆記，
要先從積極聆聽的技巧開始。
畢竟，無法準確聽出講者的概念，
你就無法轉換成
有效用的塗鴉筆記。

關鍵之鑰在於

FOCUS 聚焦

將注意力集中在講者身上。

ELIMINATE 過濾

排除周遭分散注意力的干擾。

IMMERSE 沉浸

全心專注在簡報內容。

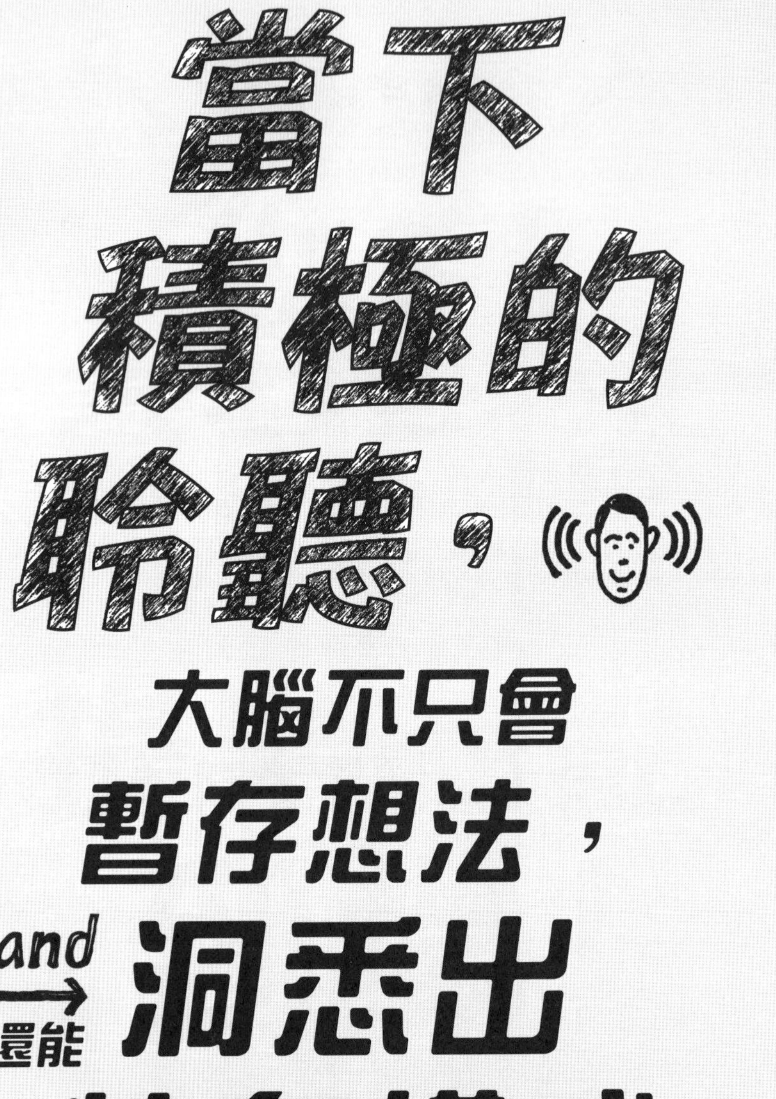
當下
積極的
聆聽，
大腦不只會
暫存想法，
and
還能
洞悉出
特有模式。

積極聆聽有助於你統整資訊，
並抓住重要概念繪製成塗鴉筆記。

我的聆聽妙方

集中注意力

藉由專注於講者陳述的言詞和概念上，
同時解讀講者的肢體語言，
我就能在做筆記時放下其他不相干的思緒。

排除和過濾分散注意力的干擾

我會預先排除令人分心的干擾。
對於無法排除的干擾，我也會想辦法忽略掉。
比方說，我會關掉手機的通知，
至於身旁那些大嘴巴，就必須當他們是空氣。

心思沉浸於簡報內容

集中注意力，再加上忽略令人分心的干擾，
我就能完全專注於講者分享的訊息。
只要全神貫注，我就能吸收聽到的想法，
而且可以統整這些想法，
然後在紙上處理訊息。

活用暫存想法

透過練習，我學會如何運用
大腦中的「暫存空間」——
一個邊聆聽邊暫存
想法的地方。
有時候，我會互相比對暫
存的訊息與已完成的筆記，
找出兩者之間的關聯。

辨別特有模式

當我專注聆聽時，時常可以從講者的簡報中辨認出特有的表達模式。
聽出當中的特有模式，
有助於我在筆記本上圖像化，
比方說，以下的3點佈道法及迂迴敘事法模式：

3點佈道法

以3個清晰、有邏輯的步驟組成演說，猶如一場佈道會。

迂迴的敘事法

將3個看似不相干的故事串聯在一起。

你的聆聽技巧！

越聽越強

找各種練習機會，像是會談、開會或看線上演講影片（例如：TED），都是很不錯的方式。

經過鍛鍊的耳朵和大腦，就能不斷提升聆聽和捕捉重要想法的技巧。

小結

RECAP

- 塗鴉筆記要從聽出準確資訊開始。
- 積極聆聽時，你的大腦可以洞悉出特有模式，並暫存想法。
- 請集中注意力。
- 排除並過濾分散注意力的干擾。
- 心思完全專注於簡報內容中。
- 活用暫存想法。
- 辨別特有模式。
- 抓緊任何練習聆聽技巧的機會

★ 下一章：如何塗寫出個人風格？

* 我不是因為麥克的書才這麼說的。

#潔西卡必備物品
方格筆記本
超細鋼珠筆
我超愛細黑線條
對話框
潔式字體
小本的筆記本比較沒那麼可怕
THE LIVE UNITED LIBRARY
LUbrary
United Way
UNITEDWAYGP.ORG
2011年時，我創造了自己的事業
SAYITBEST.COM
flickr: JESCHNOTES
@JESCH30
放輕鬆
你會遺漏很多事
別對自己太苛刻
DON'T JUDGE TOO QUICKLY.
不輕易批判
炸藥
我曾經在一場演講中完全失控，情況糟透了。
可是……
我後來補上空缺的地方，沒有任何人發現我的疏失。
淒厲慘烈

ALEXIS FINCH
ONCE UPON A TIME...
從前從前，有個埃利希斯 · 芬奇……
WORDS WORDS WORDS WORDS WORDS
文字和圖片
全在頁面上
我喜歡畫
恐龍
然後
我發現書本
小孩都想到哪畫到哪
這是他們
分享和學習
的方式
文字留在紙頁上……
但圖片
就會記在
我的腦海裡
WRITE NOT DRAW
只寫字，不畫圖
如果希臘人
當時…
我覺得是
那樣
不過
起先是
…
人人都會
塗鴉！
7年級
進了
新學校
我雖然
不是很有
創意，
但是
……
廢話
課堂上
沒有人舉手
如果那樣
那如果
如何
找回對藝術
的熱愛
有太多
思緒
遵循
討論的途徑
想法
思緒
意見
文字＋圖片…
但是
GET YOURS!
該如何
跟上
和提供意見？
BUT: EMAIL
MORE
STUFF HERE
BLACK
GREEN
To: JIM@AOL.COM
FROM: ME@IT.CO
SUBJECT: CAN WE MEET?
JIM,
I'D LIKE TO
電腦 VS 藝術
ART
VS
更多色彩
流程圖
風格
WITH
PLUS
畫一些圖
…好酷喔
求職電子郵件
不需要圖片
鍵盤界面

A GOOD PLACE TO START IS:
HOW TO DRAW A DINOSAUR
畫恐龍是很好的起步點
有時候我覺得最好的方法
就是所有東西
全部放入方塊和圓圈
可以引導你
更容易運用更小的空間
DON'T FEAR 不擔心
處理……
WHITE SPACE 留白
咬咬
既然沒人說自己懂每一種恐龍，誰敢說你畫錯了！
祕密武器
橡皮擦：Steadler Mars Plastic
自動鉛筆：Papermate Clear Point
0.7 MM
簽字筆 Pigma micron
08
素描本：Cachet Canvas Bound
8.5 x 11
75磅紙
工具箱
色筆：Prisma Color
紅色是用來畫箭頭
PERMISSION TO SEE
觀看的資格
認證藝術家
……真的嗎？
童年時期
比喻
網際網路
這些數據點點看起來好像魚
我能擁有？
隱形單車
2 階段過程：
鉛筆 墨水筆和編輯
CRAPPY ADDICTIVE TV SHOWS
TO INK & COLOR
NO! 不！
文字 + 圖片
我們一定有！
我們全是視覺思考家
剛剛好！
完美無瑕…
視覺化的世界
這是我做塗鴉筆記的理由！
-SO- TEACH
所以我教學 + 演講
TALK
……當藝術家也不容易啊！
終結筆記戰爭
BANG BANG
沒有子彈了
GRAPHITE MIND
咬咬大腦
GRAPHITEMIND.COM
@AGENTFIN

CHAPTER 4

如何塗寫出

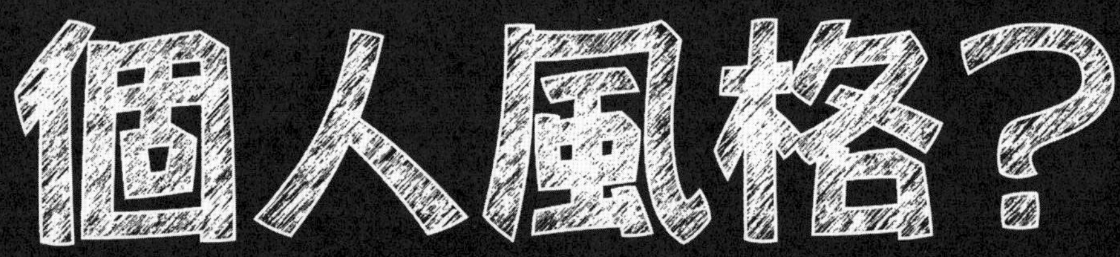

多年來的身體力行，
我已經發展出自己獨有的塗鴉筆記流程，
這個流程對我的幫助很大。
也希望各位能和我一樣，
建立屬於個人的塗鴉筆記！

以下列出一些我參加活動時，採用的塗鴉筆記步驟：

1 研究資料

抵達會場前，
我會事先研究
活動內容、講者
和主題的相關資料。

為我增長
見識和自信心，

特別是需要塗寫
未知的人物或題材時。

抵達活動前或在會場時，
iPad 是很好的調查工具。

去會場時，
我除了帶著做研究的電子裝置之外，
有時候還會帶研究資料的列印紙本，
以備不時之需。

2 打包用具

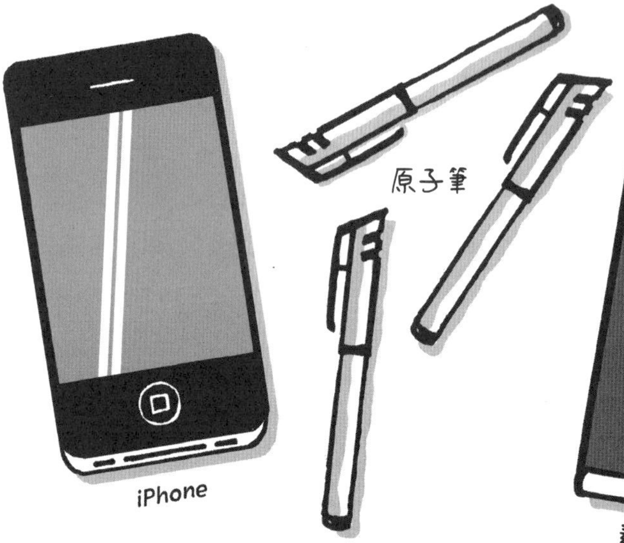

iPhone

原子筆

素描本

抵達目的地前

事先**打包好必備用具**，非常重要。

我喜歡帶兩到三本Moleskine筆記本、好幾枝原子筆，以及用來檢視照片和資料的iPhone，遇上緊急狀況時，它還能當成手電筒。若是會場很昏暗，一個隨身小書燈也很有用。

幾年前，參加一場芝加哥的活動時，我的素描本從封面到封底完全散掉了。現在我總是多帶至少一本的素描本，以防萬一。

一定要帶備用材料，你無法預料筆什麼時候會沒有墨水，或筆記本是否會破損。多帶一些材料以備不時之需。

小書燈

3 提早到場

我會提早抵達現場，並花點時間尋找最佳座位。
靠近前方、頂上有光的位子就很不錯，
便於聆聽並觀看講者。

選擇正中央的座位，如果別人遲到或提早退席，
就可以降低干擾和煩躁感。

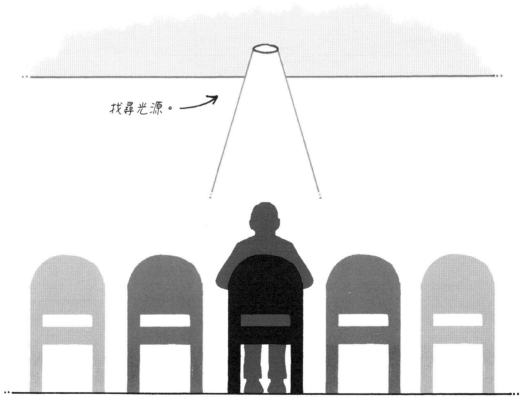

找尋光源。

選擇正中間的位子。

4 創作標題

開始前先畫好演講主題的標題。

我喜歡用 iPhone 找出講者的照片，作為繪製標題的參考。

一旦我坐定位了，就會檢查議題和講者姓名。
有時我也會用手機找照片，
為講者或議題繪製一個有趣的視覺化標題。

我會在演說開始前完成標題，
接下來才能全神貫注聽講，
避免手忙腳亂的狀況發生。

5 塗鴉筆記

當演講開始時，
我會聆聽、統整
聽到的想法，然後
將思緒繪製成筆記。

一篇完整的塗鴉筆記。

6 照相

當我完成塗鴉筆記時，
都會先拍下來。
除了能立即分享創作
至社群網站，同時也
可當做備份留存。

我喜歡將個別頁面
拍成獨立的照片。
除了能呈現更多的細節，
在手機上也更易於閱讀

7 掃描、調整&發布

回到家後，我會以高清品質掃描塗鴉筆記、調整對比，並用 Photoshop 校正任何錯字和錯誤。最後將掃描檔存成 PNG 格式，這樣就能分享到網路上。

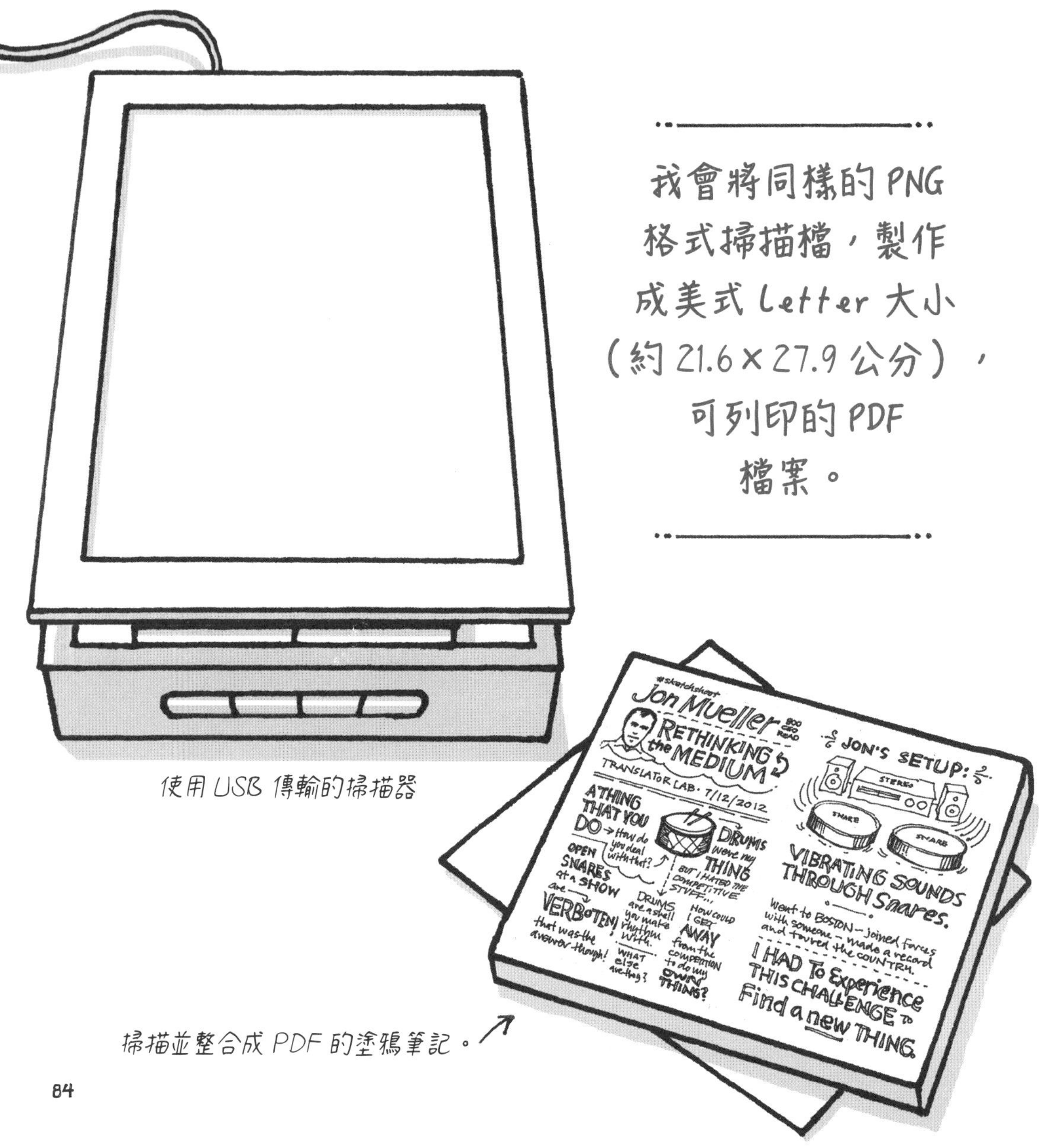

我會將同樣的 PNG 格式掃描檔，製作成美式 Letter 大小（約 21.6×27.9 公分），可列印的 PDF 檔案。

使用 USB 傳輸的掃描器

掃描並整合成 PDF 的塗鴉筆記。

講座主辦單位

看上塗鴉筆記簡潔又生動的記錄下本次活動，所以分享這些筆記來宣傳下次的活動，吸引潛在參加者。

主辦單位時常會將塗鴉筆記做成免費的 PDF 檔案或紙本手冊送給與會來賓。這些會後紀錄是絕佳的參考資料。

這份紙本手冊是主辦單位送給參加高峰基地座談會聽眾的小禮物。對主辦單位而言，手冊是絕佳的宣傳利器。

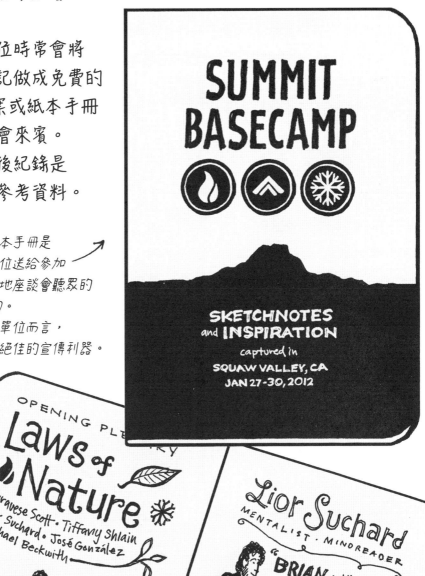

SUMMIT
BASECAMP
SKETCHNOTES
and INSPIRATION
captured in
SQUAW VALLEY, CA
JAN 27-30, 2012

塗鴉筆記的結構

我從一份現有的塗鴉筆記中，挑一篇出來解說其構成元素，讓你更理解如何製作筆記的版面。

★TITLES 標題

標題是用來定義你的塗鴉筆記主題。內容可以包含活動名稱、講者姓名、日期、場地，以及演講主題。若是一次的活動包含好幾場不同的演說，你可以選擇用一致性的設計，或針對不同講者設計獨一無二的有趣標題。

「塗鴉」筆記前，先花點時間創作標題吧！

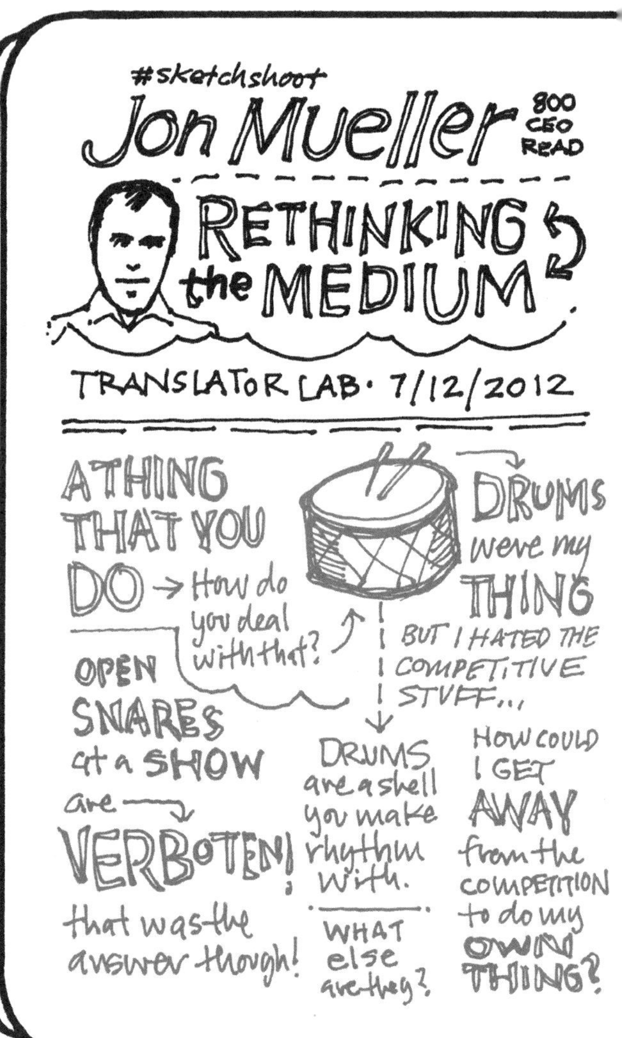

★TYPOGRAPHY 字形設計

想要強調特定想法、創造層次和架構，甚至特定氛圍時，可從設計字形著手。

天哪，你的 RFP 快把我搞瘋了

靈光一閃

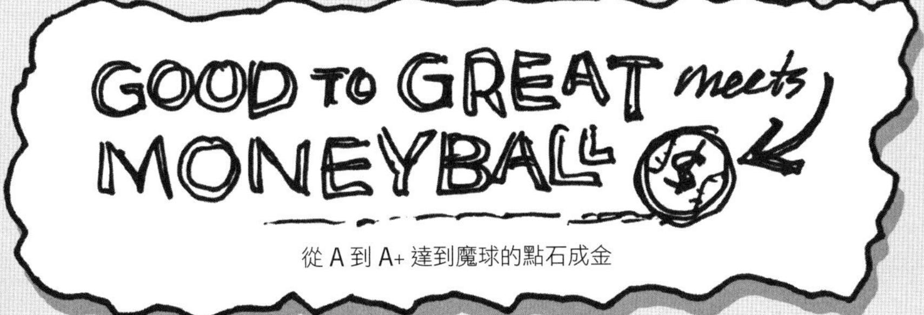

從 A 到 A+ 達到魔球的點石成金

★DIAGRAMS & DRAWINGS 圖示和插畫

圖示和插畫是讓筆記頁更有趣味的元素。
隨意幾筆就可以簡潔敘述複雜的概念。

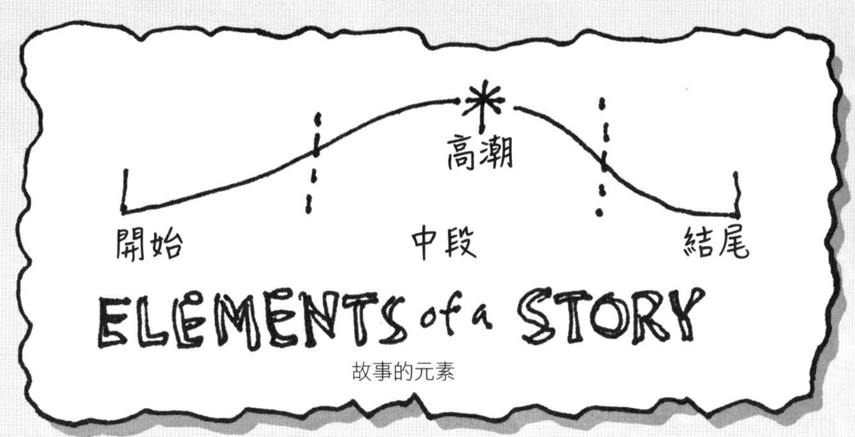

咖啡粉

湯匙

BREAKING aroma with water

注水破渣，釋放香氣

注入熱水

推開上層的咖啡粉和泡沫

重複3次，再用力聞香氣

・ー・

用力聞！聞！聞！

・ー・

酸味蓋過甘味

撈出泡沫和咖啡渣

★HANDWRITING 手寫字

圖示和訊息如果需要詳細說明時，可以加上手寫字。

IVON led the University of Alabama in the creation of an official Mobile app for the university.

伊凡引領阿拉巴馬大學開發學校官方的 APP。

★DIVIDERS 分隔線

分隔線包括直線、點陣等形式的線條，有助於在版面上區別不同構想，建立視覺的秩序與架構。

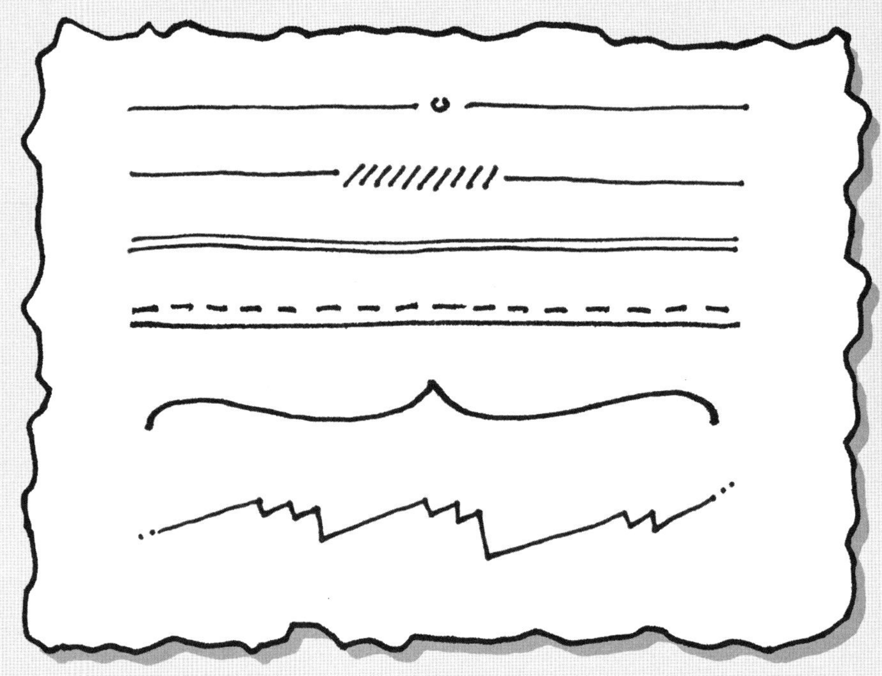

★ARROWS 箭頭

箭頭可指出細節，也有助於讓注意力聚焦在特定圖畫、字形或文字，並連結不同的觀點。

★BULLETS 項目符號

項目符號有助於將成堆的繪圖和文字，歸納成一個群組或強調特定想法。不同類型的項目符號可以界定更多層次的想法。

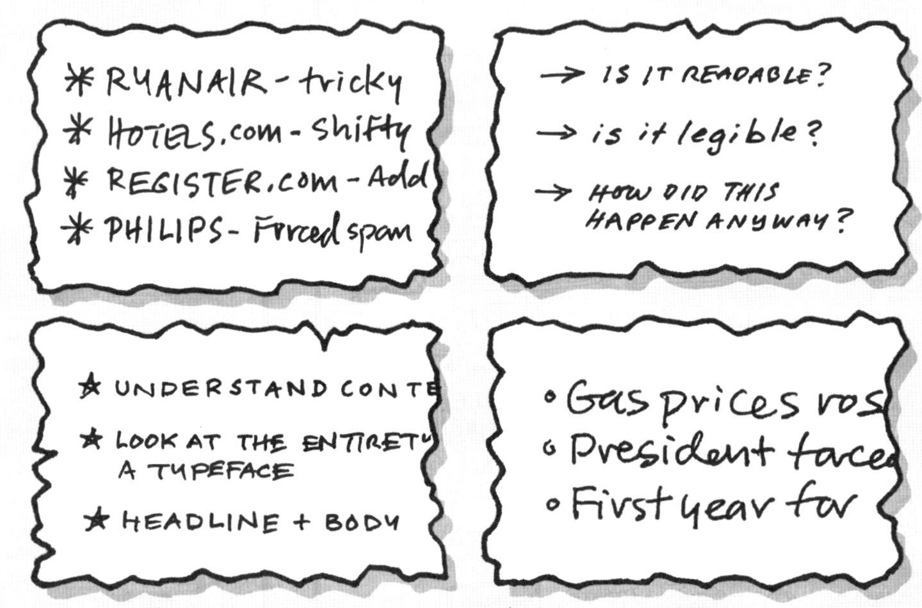

★ICONS 圖標

圖標在整份塗鴉筆記中很好用，這種重複性的元素可以讓概念用視覺方式識別。

★CONTAINERS 外框

只要加上外框，就可以連接各種不同的元素，成為一個群組，就能代表一個大方向或是主題。

★SIGNATURES 署名

要不要在塗鴉筆記中署名，由你決定。不過若是個人自用的筆記，就沒有署名的必要了。

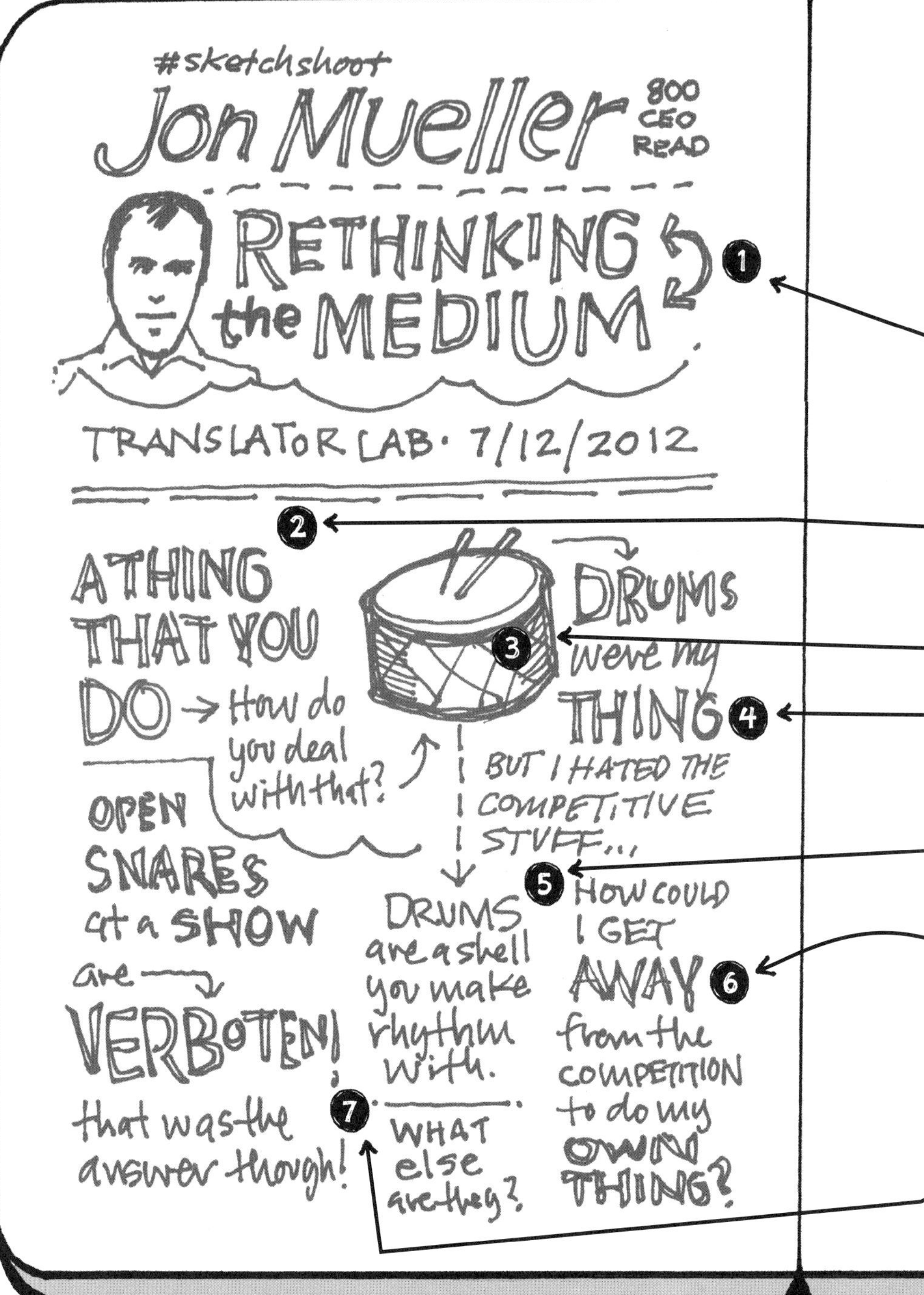
#sketchshoot
Jon Mueller
800 CEO READ
RETHINKING the MEDIUM
1
TRANSLATOR LAB · 7/12/2012
2
A THING THAT YOU DO
How do you deal with that?
3
DRUMS were my THING
4
BUT I HATED THE COMPETITIVE STUFF...
OPEN SNARES at a SHOW are VERBOTEN!
DRUMS are a shell you make rhythm with.
5
HOW COULD I GET AWAY
6
from the COMPETITION to do my OWN THING?
7
that was the answer though!
WHAT else are they?

從開始到結束

為了讓你更了解完成一份筆記的過程始末，
我在每個區塊加上標號並做一些簡單的介紹，
解釋每個部分的原由和順序。

1. 我利用手機找到的演講者強．穆勒的照片，在抵達會場前就完成標題的繪製。
2. 我第一個捕捉到的概念是「A THING THAT YOU DO」（你喜歡的一件事）。
3. 強．穆勒談到小鼓，因此我畫的第一個圖是鼓。
4. 在小鼓右邊狹窄的空間塞進「DRUMS were my THING」（我愛打鼓）這段字。
5. 然後用一個箭頭來連接本頁下方的另一個想法「DRUMS are a shell you make rhythm with」（鼓是用來創造節奏的）。
6. 我在右下角加入「do my OWN THING」（投入我最喜愛的事）這個概念。
7. 我在此處強調小鼓相關的禁忌：「OPEN SNARES at a SHOW are VERBOTEN」（演奏時禁止鬆開響弦）。

這一頁塗鴉筆記中，我編排演講內容的方式，是使用「放射型」架構。下一章我會進一步說明構成塗鴉筆記的版型。

JON'S SETUP:

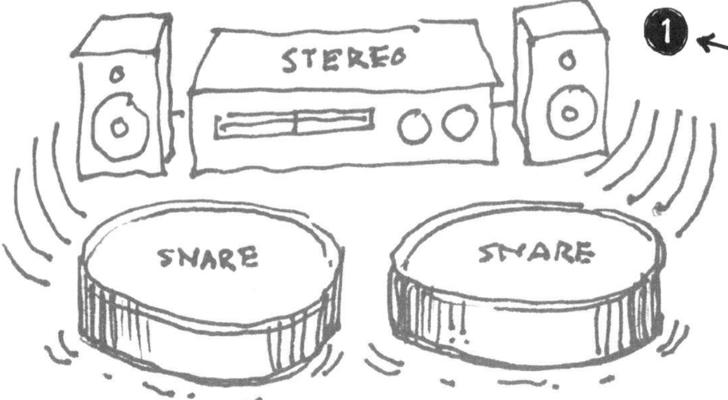

1

VIBRATING SOUNDS THROUGH Snares. 2

3

Went to BOSTON – joined forces with someone – made a record and toured the COUNTRY. 4

5

I HAD To Experience THIS CHALLENGE to 6 Find a new THING.

1. 我根據想像，畫出演講者強．穆勒的鼓組。標題是後來加上的。
2. 這段描寫強．穆勒如何使用小鼓來發出聲音的文字，是這場演講的精髓，因此我不只加大字體，還使用大寫。
3. 我用一條分隔線，區分出上、下半部。
4. 強．穆勒提到他開車前往波士頓，錄了一張 CD 並全國巡演，這則訊息我加在分隔線下方。
5. 虛線的分隔線。
6. 最後的收尾，我用粗體字來強調最後的結論：
我必須用這項挑戰來發現新事物（I HAD TO Experience THIS CHALLENGE TO FIND a new THING）。

這一頁我使用「線型」架構來記錄資訊，並著重於圖畫和字形。

#sketchshoot
Jon Mueller
800 CEO READ
RETHINKING the MEDIUM
TRANSLATOR LAB · 7/12/2012
A THING THAT YOU DO → How do you deal with that?
DRUMS were my THING
BUT I HATED THE COMPETITIVE STUFF...
OPEN SNARES at a SHOW are → VERBOTEN!
that was the answer though!
DRUMS are a shell you make rhythm with.
WHAT else are they?
HOW COULD I GET AWAY from the COMPETITION to do my OWN THING?

JON'S SETUP:

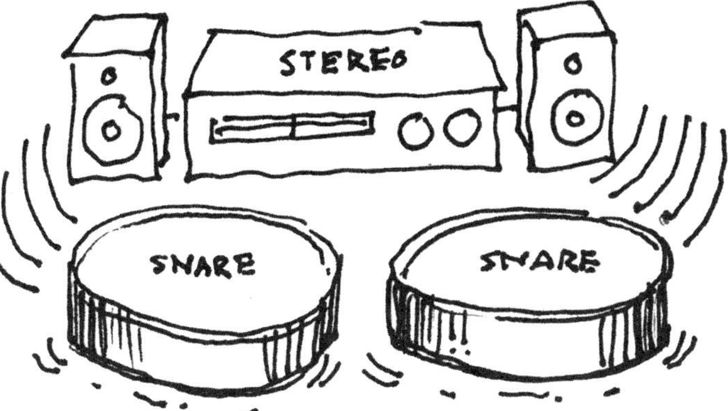

VIBRATING SOUNDS THROUGH Snares.

Went to BOSTON – joined forces with someone – made a record and toured the COUNTRY.

I HAD To Experience THIS CHALLENGE TO Find a new THING.

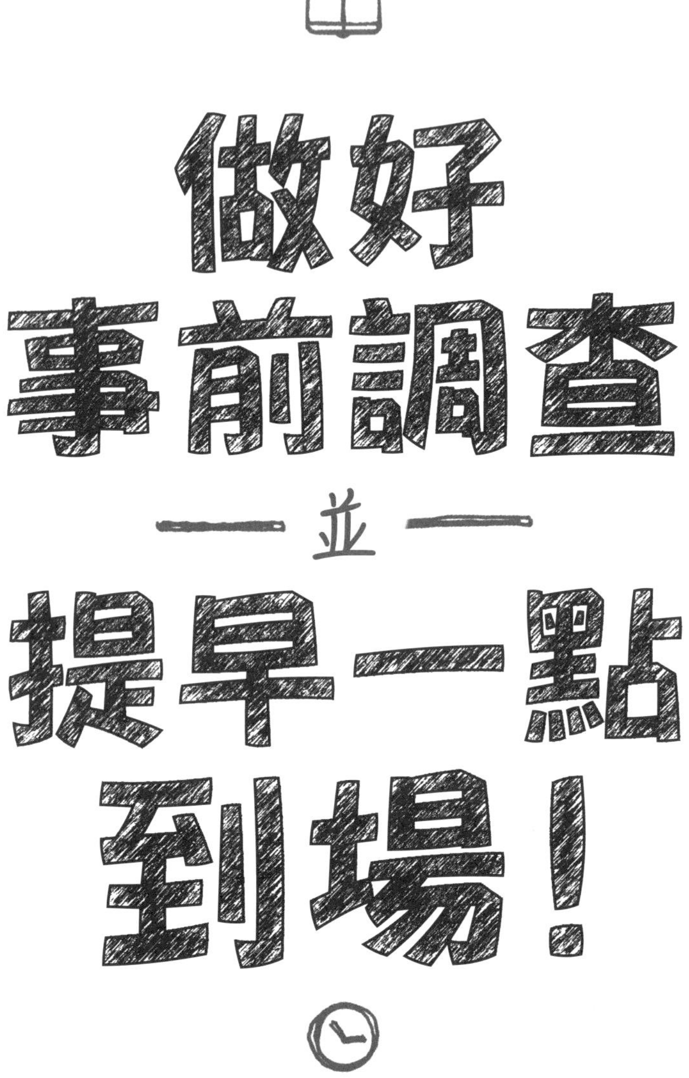

充分的準備，能讓你在開始聆聽、
暫存想法與動筆塗畫時，
保持放鬆，從容不迫。

小結

RECAP

- 把我在前面傳授的流程當成起點，打造屬於你自己的筆記法。
- 事先研究講者和議題，可增長見識和信心。
- 做塗鴉筆記的時候，事先準備好備份的文件和材料，很重要。
- 提早到場、找到合適的位置，並利用開始前的時間製作筆記標題。
- 活動結束後，立刻拍下你的塗鴉筆記照片，可以用來分享，也能當成備份資料。
- 分享塗鴉筆記，對與會者和主辦單位來說，既是絕佳的資源，也是很棒的宣傳工具。
- 筆記的結構應包含標題、字形、圖示和圖畫、手寫字、分隔線、箭頭、條列式重點、圖標、外框，以及署名。

★ 下一章：塗鴉筆記種類

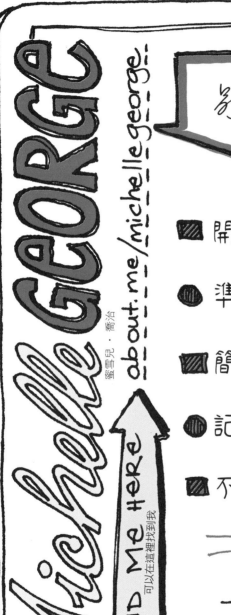

Michelle GEORGE
蜜雪兒．喬治

about.me/michellegeorge

FIND Me Here
可以在這裡找到我

別忘記，請記住

- 開始前先思考版面
- 準備好一套慣用符號和字形
- 簡潔就好！
- 記錄對你有意義的想法
- 不必執著於完美

我最大的挑戰

邊聽邊繪畫！
我常迷失於茫茫圖海中。

我的
風格
&工具
作家
藝術家
澳洲人
技客
經理
母親
老婆
風格取決於
我當下抓住的
內容。
大量的資訊應該用
文字＋符號＋字形
來記錄。
有分析價值的活動
總是引發很多共鳴，
就會畫下更多圖片。
我愛用 Moleskine
筆記本和水彩繪本。
我喜歡可輕鬆畫出線條的筆
我最喜歡的
LAMY Safari
鋼筆
flow
有時也會加入水彩
也使用
Uni-Ball
鋼珠筆

HI!
嗨！我是伊芙洛塔-拉姆
EVA-LOTTA LAMM
我是住在倫敦的設計師
WWW.SKETCHNOTESBOOK.COM
sketchnotes 2011
我的書
一整年的會議筆記
@evalottchen
Tombow 彩色毛筆
百樂 G-Tec-C4 中性筆
無印良品的五彩水性筆
TOMBOW
雖然我很愛筆，
但我認為使用哪一種
都無所謂。
我喜歡
線圈的素描本，
因為翻頁方便，
還有厚紙板襯底
Sketching is thinking made visual
畢竟
任何一枝筆都好過
忘記帶筆
但是
最好的塗鴉本
ALWAYS WITH YOU.
就是你一直
帶在身邊的那一本。

sketching 素描 ≠ 繪畫 drawing

sketchnotes 塗鴉筆記 ≠ 插畫 illustration

QUICK 快速

EXPLORING IDEAS 探索想法

IMPROVISED 即興

& playful 好玩的

PLANNED 有計畫的

+ LAYED OUT 構圖配置

DETAILED 詳細的

FINISHED 完美精巧的

（這部分比較像是插畫）

建立自己專屬的

視覺化詞彙和風格

SKETCH AN OBJECT 50 TIMES TO MAKE IT YOURS...

反覆描繪同一樣東西 50 次，直到變成你的風格

給自己驚喜吧！

CELEBRATE HAPPY ACCIDENTS

慶祝開心的意外吧！

PLAY WITH SHAPES

玩轉形狀

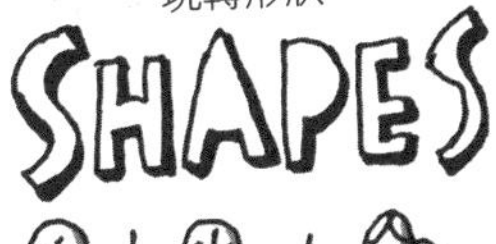

PRO-PORT-IONS

改變比例

DIRECTION + DYNAMICS

調整方向＋動作

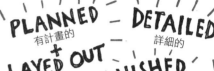

CHAPTER 5

塗鴉筆記

看完前四章依舊不知該怎麼開始嗎？
本章羅列各種塗鴉筆記的版型和風格，
希望能幫助你迅速構思版面，
建立個人塗鴉風格！

風格結合思考

塗鴉筆記之所以賞心悅目，是因為多樣化及充滿個性。
每一頁都是獨一無二、別具風格，
如實反應出創作者的個性。

Sunni Brown • Getting Things Done

Jessica Esch • Rich Petersen

但風格之外，
塗鴉筆記還能顯露出
創作者的思考過程。
呈現出他們聆聽到的資訊、分析與處理訊息的方法，以及哪些內容和他們的觀點最契合。

只要觀察一個人筆記的
風格和版面結構，
我就能更了解
創作者的思考方式。

讓各式風格啟發你的靈感

你可能有注意到，本書分享的許多塗鴉筆記，插圖好精美。
這些筆記的創作者，都是經驗豐富的專業插畫家與設計師。

Gerren Lamson • BbWorld 2012

假如你不是藝術家，別灰心氣餒。

反而要從欣賞這些筆記中，尋找靈感與激發想法。
請記住，你才剛站上起點而已呢！

無論你目前的技巧水準如何，請對現在的自己感到滿意。
繼續享受做塗鴉筆記的樂趣，持續努力就會逐步提升你的技巧。

藝術性和架構層級

幫助你客觀看待自己現階段技巧的方法，就是用漸進式進步的觀點看待塗鴉筆記：

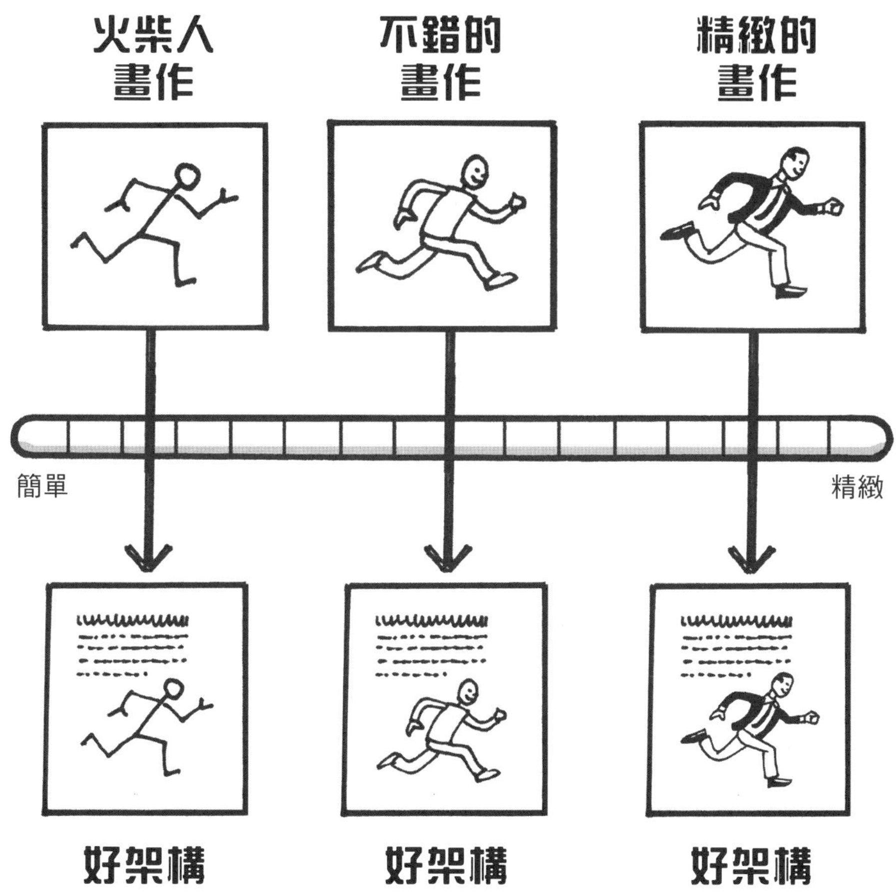

不管插圖技巧的好或壞，
最重要的永遠是架構。

在其中一端，

你看到的是，一般人用粗略的繪圖呈現出概念。
儘管線條簡單，
但這些塗鴉筆記仍然使用架構，
有效的在紙頁上捕捉住概念。

而另一端，

你看到的則是，有經驗的專家繪製的精緻插畫。
雖然筆觸精緻許多，但以塗鴉筆記來說，
合理且抓住概念的邏輯性架構，
才是關鍵要素。

請將

想成

肉塊和馬鈴薯泥

而精巧的畫技

是上頭的調味肉汁。

塗鴉筆記的

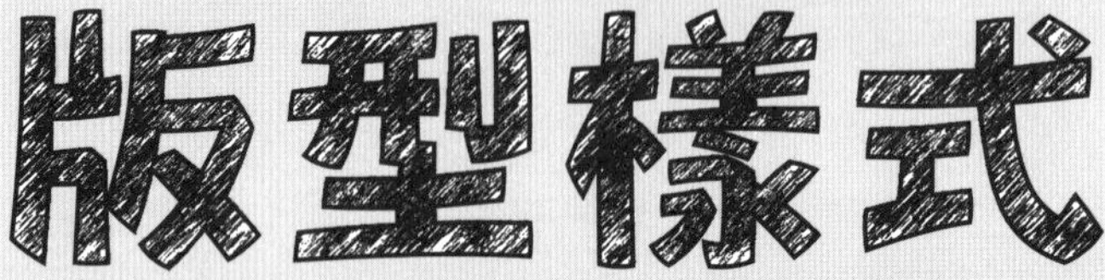

過去五年來，我檢視過許多塗鴉筆記，
最後發現大部分的版面構圖，可歸類在以下幾種版型：

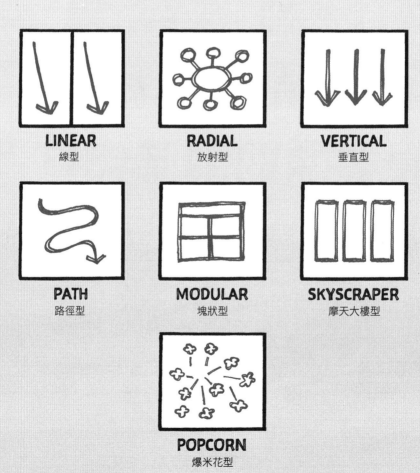

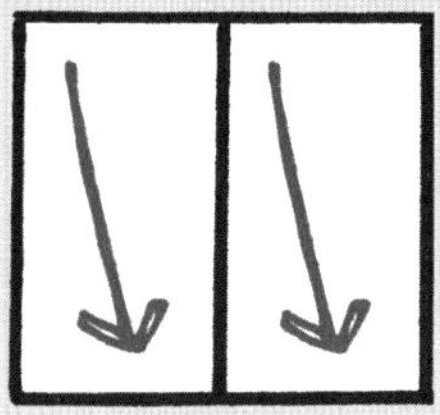

LINEAR
線型

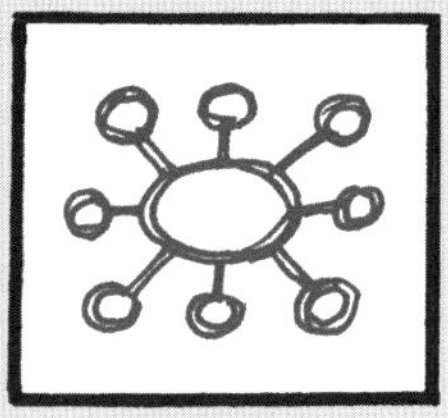

RADIAL
放射型

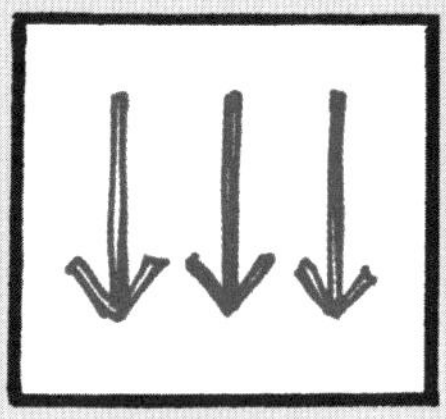

VERTICAL
垂直型

PATH
路徑型

MODULAR
塊狀型

SKYSCRAPER
摩天大樓型

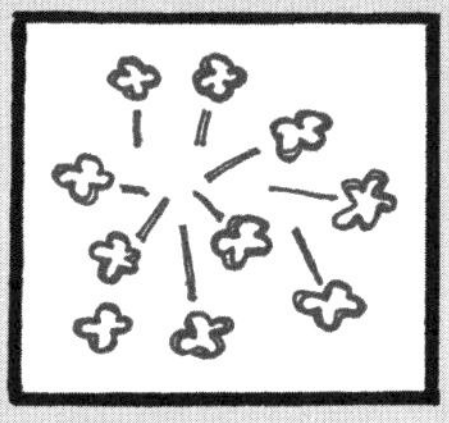

POPCORN
爆米花型

LINEAR 線型

線型的塗鴉筆記是依照左翻書籍的版型，
格式是從左上至右下，呈斜對角的方向，
在單頁或跨頁的紙面上呈現訊息。

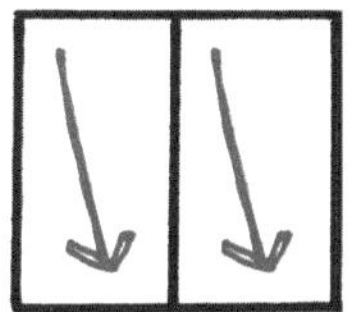

Uni of NSW producing video pumping it to YouTube, iTunes

Rather technical talk. Didn't get many images of the info in my head.

META Metadata Suitcase

It wasn't you Geoff, it was me!

Audience Based Navigation?

Targeting nav to particular audience members

PROBLEM: many audience groups have overlapping needs
Duplicate content?

CAREFUL: wording must be accurate so right audience clicks right

eg: Melbourne Convention Centre

ADVANTAGE: Tailor content very heavily to specific audiences.

USE:
(if) audience is clearly defined
(if) audience has clear needs

Test with real users | Don't dupe paths | Can user i.d. themself

simplechangebigimpact.com
for world usability day simple usability changes that have had a big impact on the environment & sustainability

Matt Balara • Oz IA 2009

線型版式 是我最常使用的格式。原因有二：

一來我喜歡這種訊息有故事性，在紙頁上呈線性走文的方式。

二來使用精裝素描本時，這種版式在跨頁上呈現出的效果很好。

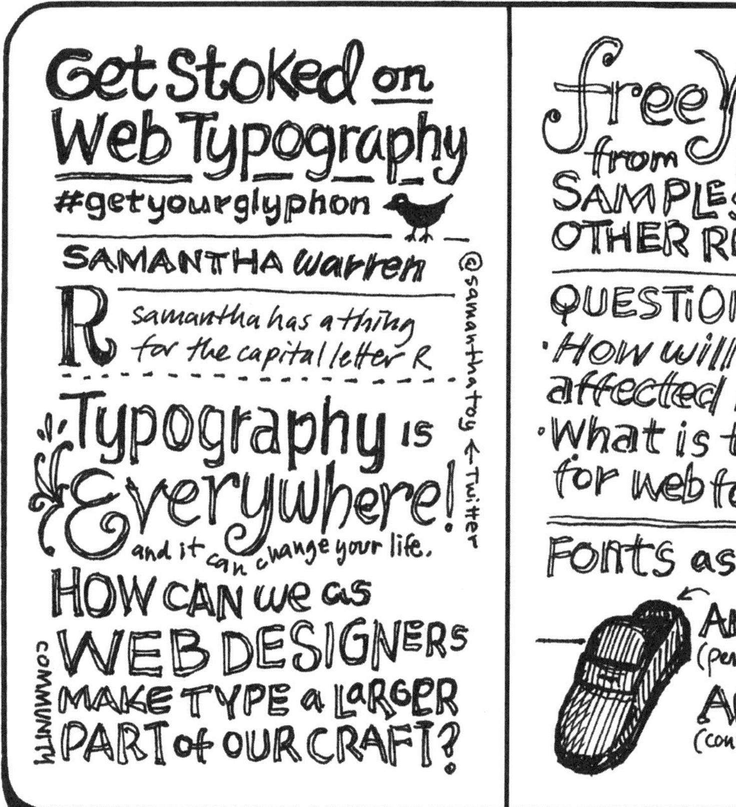

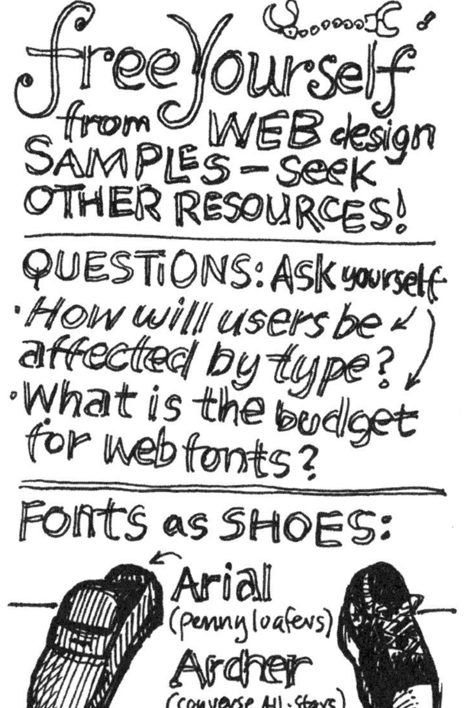

Mike Rohde • SXSW Interactive 2010

塗鴉筆記 使用線型版式時，你可以視需要自由增加頁面來記錄想法。這種版式也非常易讀，因為它畢竟是一般書籍版面數百年來採取的架構。

但小心頁數會不夠用！

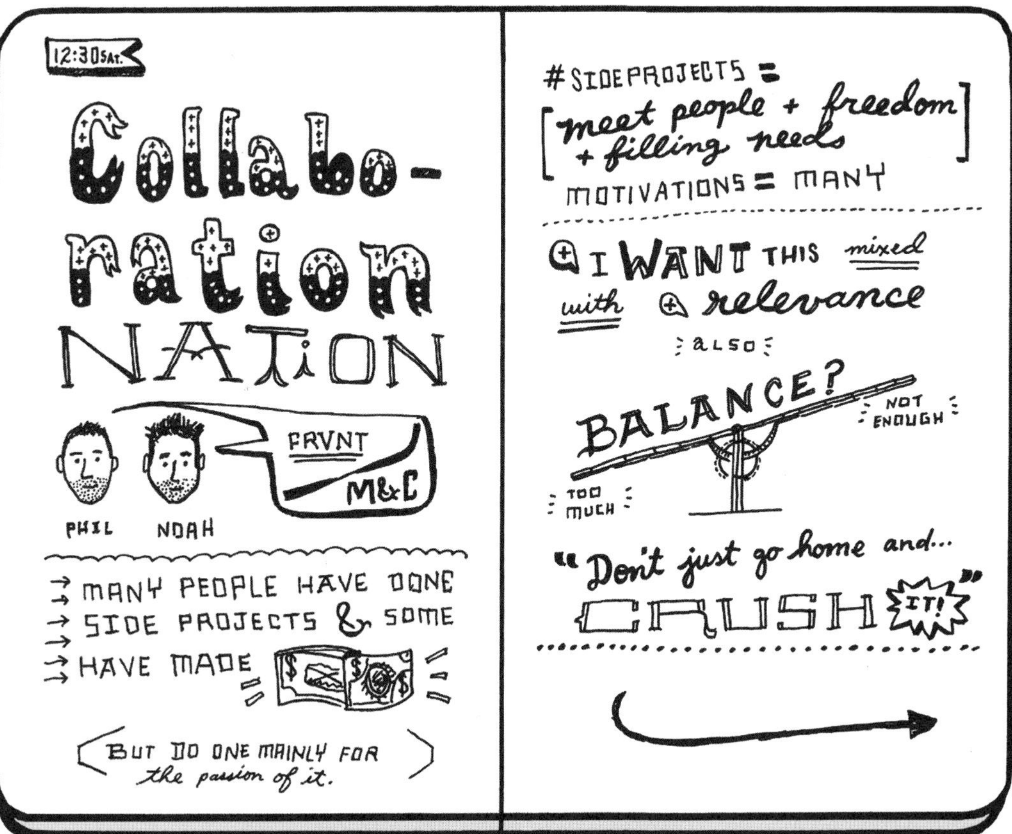

Gerren Lamson • SXSW Interactive 2011

不過，線型版式呆板的訊息走文方式，可能會局限版面的呈現。而接下來要介紹的放射型版式可以自訂格式，比較有彈性。

Carolyn Sewell • TypeCon 2011

RADIAL 放射型

放射型版式的架構，大致上近似自行車輪胎，
中心點是樞紐，輻條則向外放射。

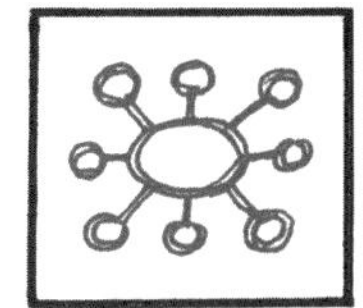

放射型的塗鴉筆記，構圖中心點特別突顯出的重點
也許是正在發表想法的講者姓名與圖像，
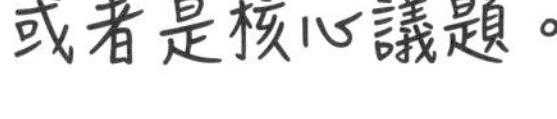
或者是核心議題。

中心的樞紐
會為整體概念定調，
然後每一個概念
就從這個中心樞紐
向外延伸，
形成一個放射的版式。

放射型塗鴉筆記未必是呈現正圓環狀，
而且中心樞紐也不一定要在頁面正中央。
這個版式呈現的形狀可以機動調整，
但仍然是按照中樞與幅條的架構。

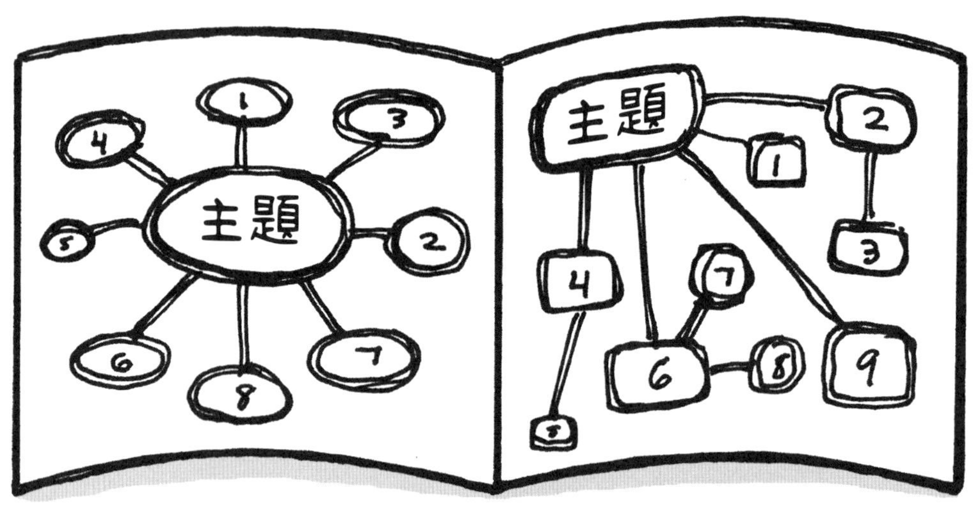

對稱
圓環狀且均衡

不對稱
機動且不規則

這兩種都是
放射型塗鴉筆記

下面的放射型塗鴉筆記，要突顯的講者姓名和主講題目，就放在左上角。

Eva-Lotta Lamm • Jessica Hische

下面的放射型塗鴉筆記，在頁面的最上方突顯出會議名稱。

Amanda Wright • dConstruct 2011

放射型版式的**優點**是，你可以隨意在任何適合的外部幅條內增加新的訊息。

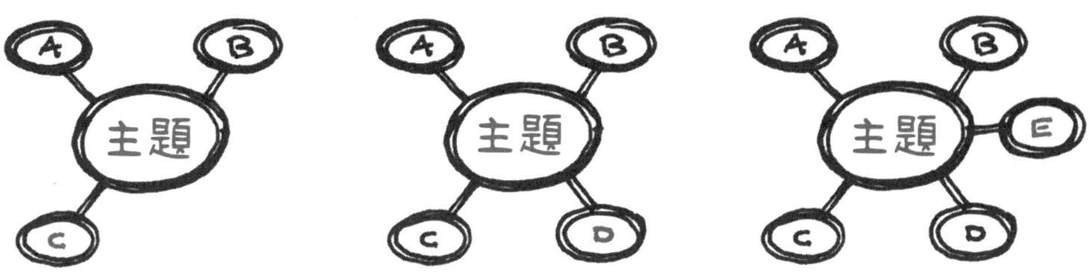

由於所有輻條都連向中心樞紐，所以不論用順時針、逆時針，甚至不規則排列都可以。

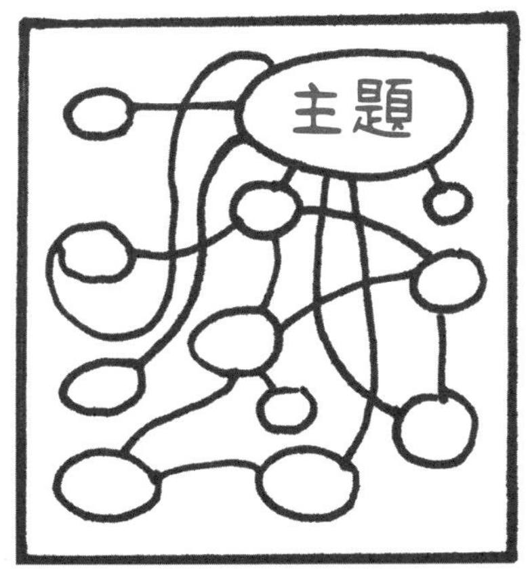

放射型版式有時候對讀者來說，會有一點難理解當中的概念模式，因為訊息的架構是採用錯綜複雜的非線性方式。

VERTICAL 垂直型

垂直型的塗鴉筆記很類似線型版式，
它在頁面上呈現訊息的方式也是單一動線，
從上往下。

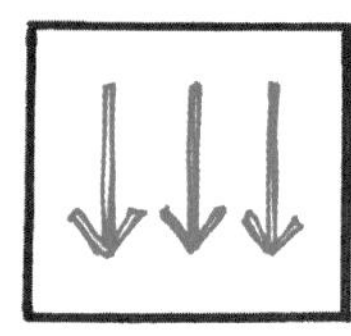

這種版式很好用，因為只要有需要，你都能不斷以縱向的形式往下增添訊息。
垂直型版式的方向明確、架構也清晰，讓讀者可以順著閱讀。

然而，垂直型版式的問題就和線型版式一樣，
會局限版面的構圖。
再者，內容長度也會受制於紙張縱向的尺寸，
或是繪圖 APP 的畫面範圍。

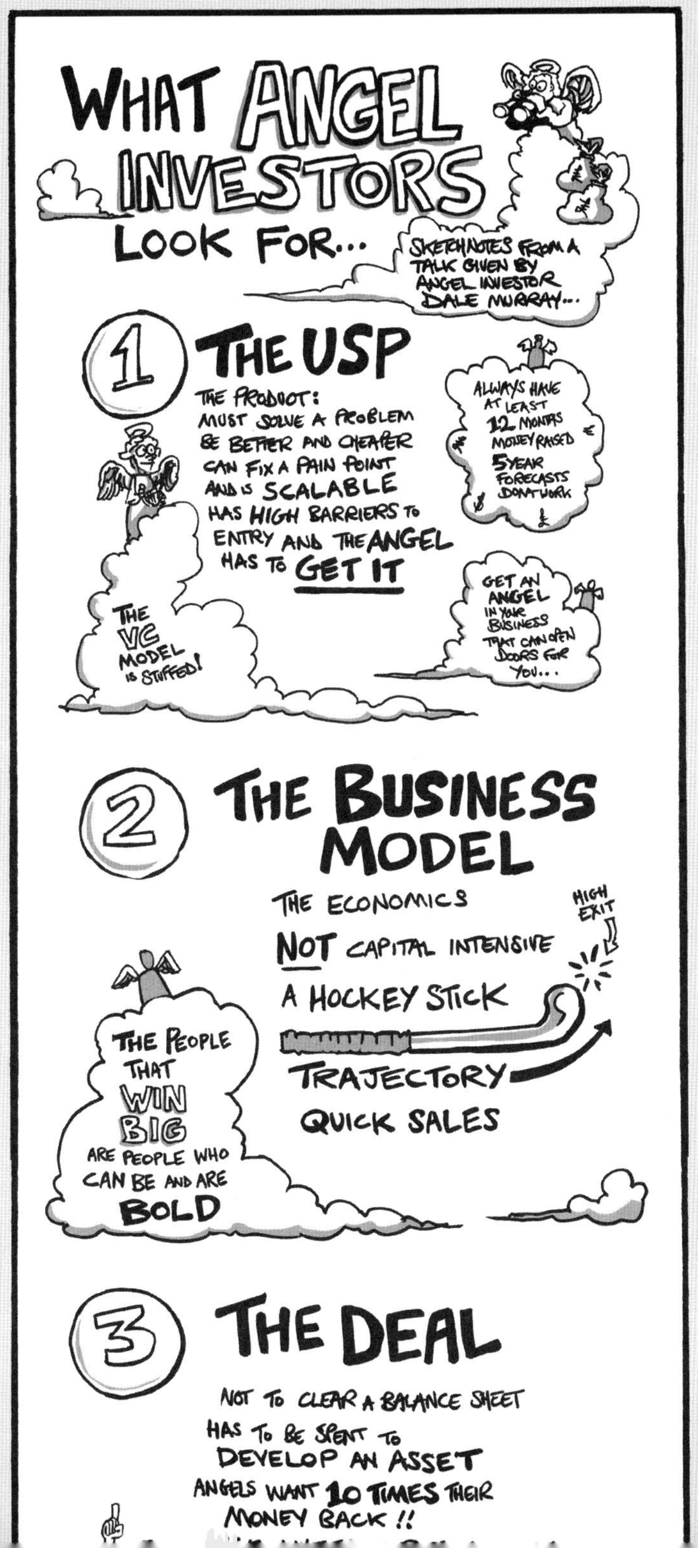

WHAT ANGEL INVESTORS LOOK FOR...

SKETCHNOTES FROM A TALK GIVEN BY ANGEL INVESTOR DALE MURRAY...

1 THE USP

THE PRODUCT:
MUST SOLVE A PROBLEM
BE BETTER AND CHEAPER
CAN FIX A PAIN POINT
AND IS SCALABLE
HAS HIGH BARRIERS TO ENTRY AND THE ANGEL HAS TO GET IT

ALWAYS HAVE AT LEAST 12 MONTHS MONEY RAISED
5 YEAR FORECASTS DON'T WORK

THE VC MODEL IS STUFFED!

GET AN ANGEL IN YOUR BUSINESS THAT CAN OPEN DOORS FOR YOU...

2 THE BUSINESS MODEL

THE ECONOMICS
NOT CAPITAL INTENSIVE
A HOCKEY STICK
TRAJECTORY
QUICK SALES

HIGH EXIT

THE PEOPLE THAT WIN BIG ARE PEOPLE WHO CAN BE AND ARE BOLD

3 THE DEAL

NOT TO CLEAR A BALANCE SHEET
HAS TO BE SPENT TO DEVELOP AN ASSET
ANGELS WANT 10 TIMES THEIR MONEY BACK !!

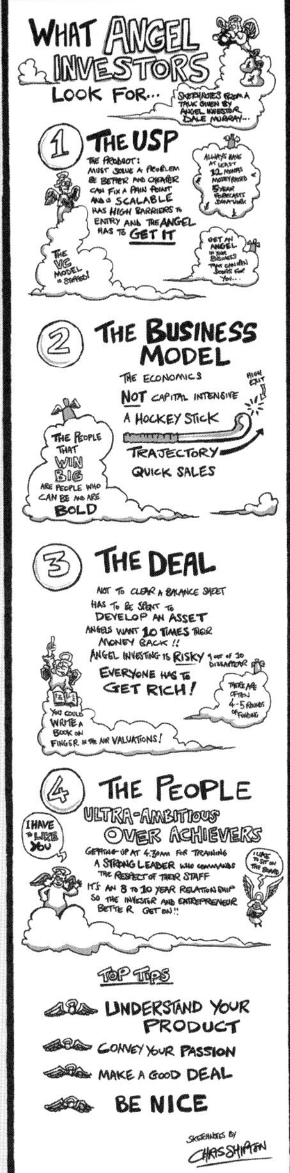

Chris Shipton • Angel Investors

Cassie McDaniel • eHealth 2012

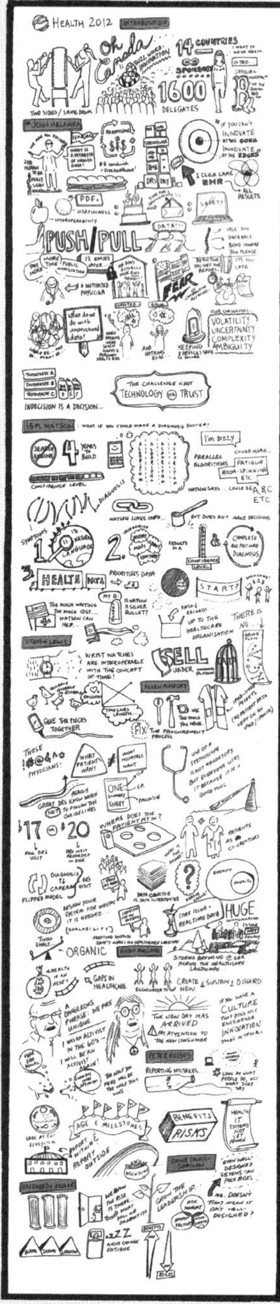

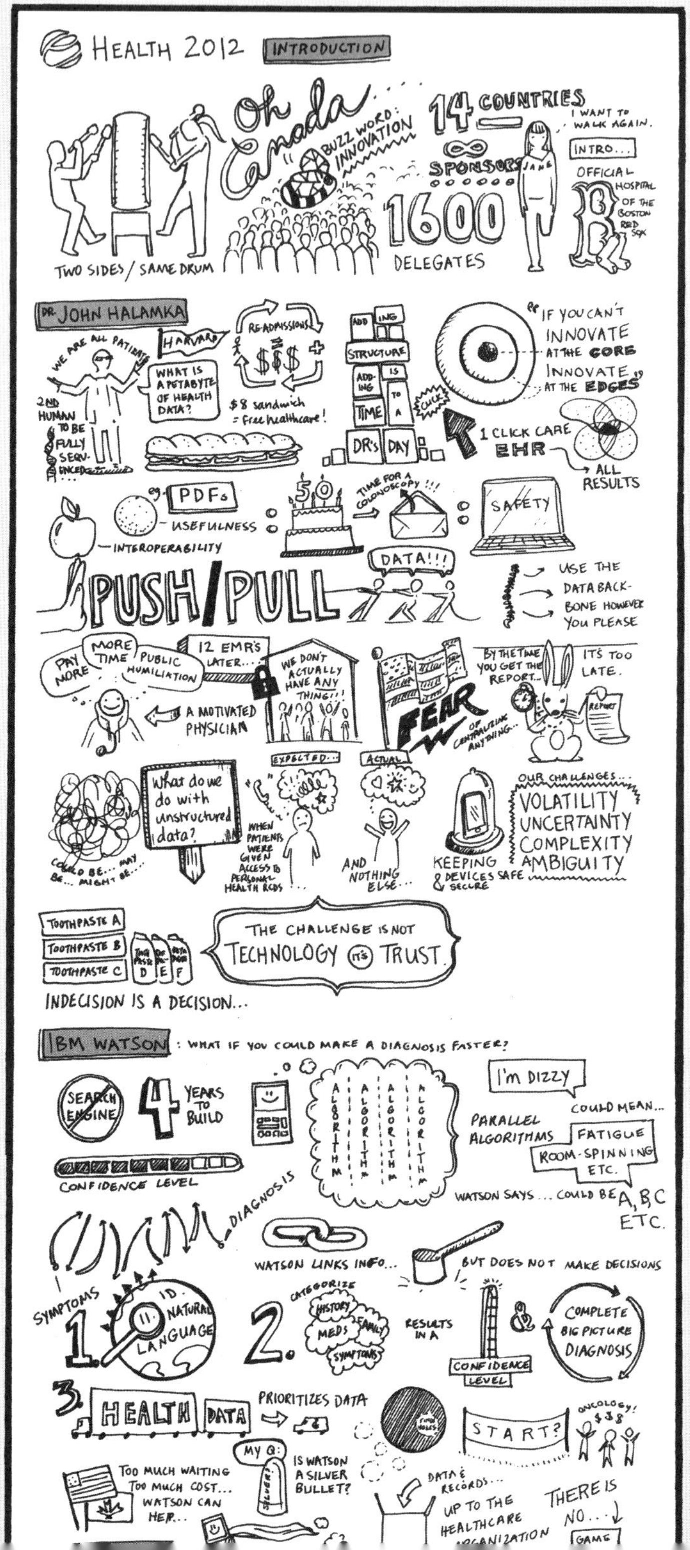

HEALTH 2012 INTRODUCTION

Oh Canada

BUZZ WORD: INNOVATION

14 COUNTRIES

SPONSORS

1600 DELEGATES

TWO SIDES / SAME DRUM

I WANT TO WALK AGAIN.

INTRO...

OFFICIAL HOSPITAL OF THE BOSTON RED SOX

DR. JOHN HALAMKA

WE ARE ALL PATIENTS

HARVARD

WHAT IS A PETABYTE OF HEALTH DATA?

2ND HUMAN TO BE FULLY SEQUENCED

READMISSIONS

$$$

$8 sandwich = free healthcare!

ADDING STRUCTURE IS ADDING TIME TO A DR's DAY

CLICK

IF YOU CAN'T INNOVATE AT THE CORE INNOVATE AT THE EDGES

1 CLICK CARE EHR

ALL RESULTS

INTEROPERABILITY

PDFs

USEFULNESS

50

TIME FOR A COLONOSCOPY!!!

SAFETY

DATA!!!

PUSH/PULL

USE THE DATA BACKBONE HOWEVER YOU PLEASE

PAY MORE

MORE TIME

PUBLIC HUMILIATION

12 EMR'S LATER...

WE DON'T ACTUALLY HAVE ANY THING!!

A MOTIVATED PHYSICIAN

FEAR OF CENTRALIZING ANYTHING...

BY THE TIME YOU GET THE REPORT...

IT'S TOO LATE.

REPORT

What do we do with unstructured data?

COULD BE... MAY BE... MIGHT BE...

EXPECTED...

ACTUAL

WHEN PATIENTS WERE GIVEN ACCESS TO PERSONAL HEALTH RCDS

AND NOTHING ELSE...

KEEPING DEVICES SAFE & SECURE

OUR CHALLENGES...

VOLATILITY

UNCERTAINTY

COMPLEXITY

AMBIGUITY

TOOTHPASTE A

TOOTHPASTE B

TOOTHPASTE C

D E F

THE CHALLENGE IS NOT TECHNOLOGY IT'S TRUST

INDECISION IS A DECISION...

IBM WATSON: WHAT IF YOU COULD MAKE A DIAGNOSIS FASTER?

SEARCH ENGINE

4 YEARS TO BUILD

ALGORITHM ALGORITHM ALGORITHM ALGORITHM

I'm DIZZY

COULD MEAN...

PARALLEL ALGORITHMS

FATIGUE

ROOM-SPINNING

ETC.

CONFIDENCE LEVEL

WATSON SAYS... COULD BE A, B, C ETC.

DIAGNOSIS

WATSON LINKS INFO...

BUT DOES NOT MAKE DECISIONS

SYMPTOMS

1. ID. NATURAL LANGUAGE

2. CATEGORIZE HISTORY FAMILY MEDS SYMPTOMS

RESULTS IN A CONFIDENCE LEVEL

& COMPLETE BIG PICTURE DIAGNOSIS

3. HEALTH DATA

PRIORITIZES DATA

START?

ONCOLOGY! $$$

TOO MUCH WAITING

TOO MUCH COST...

WATSON CAN HELP...

MY Q:

IS WATSON A SILVER BULLET?

SILVER

DATA & RECORDS...

UP TO THE HEALTHCARE ORGANIZATION

THERE IS NO...

GAME

PATH 路徑型

路徑型的塗鴉筆記，使用垂直、水平或對角線的方式，在頁面上鋪陳出訊息的路徑。

路徑型版式呈現的樣貌可能是 Z 字形、C 字形、W 字形，或其他你能想到的任何形狀的機動式路徑。

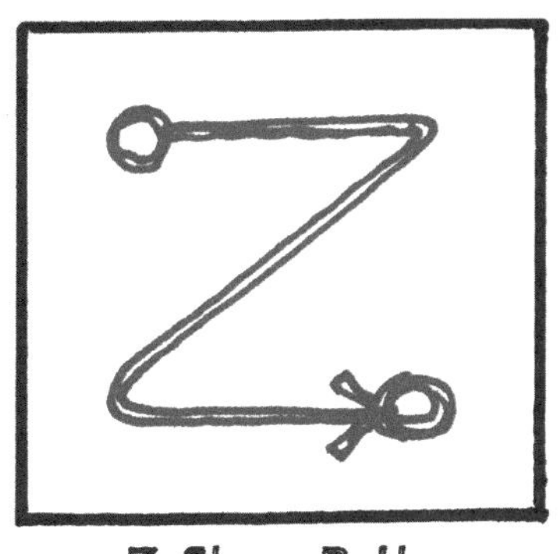

Z-Shape Path

Z 字形路徑

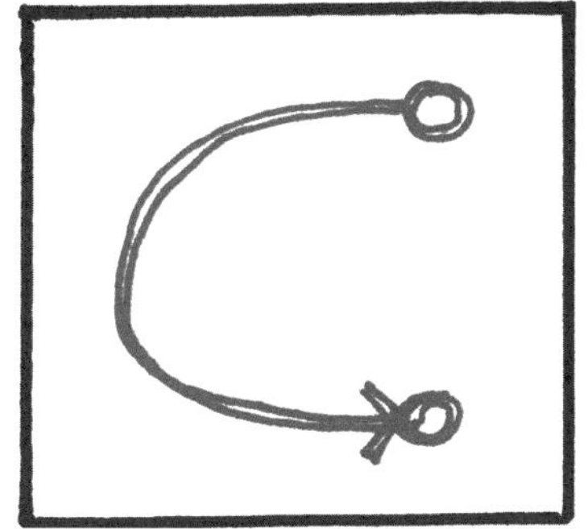

C-Shape Path

C 字形路徑

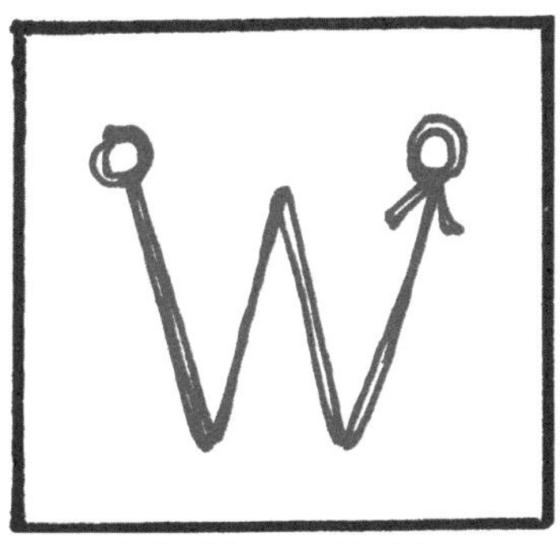

W-Shape Path

W 字形路徑

Organic Path

機動式形狀路徑

使用路徑型版式非常適合陳述一個事件或思考的過程。一連串的步驟採取的構圖，在按照一個有系統的機動式形狀呈現時，效果會非常好。

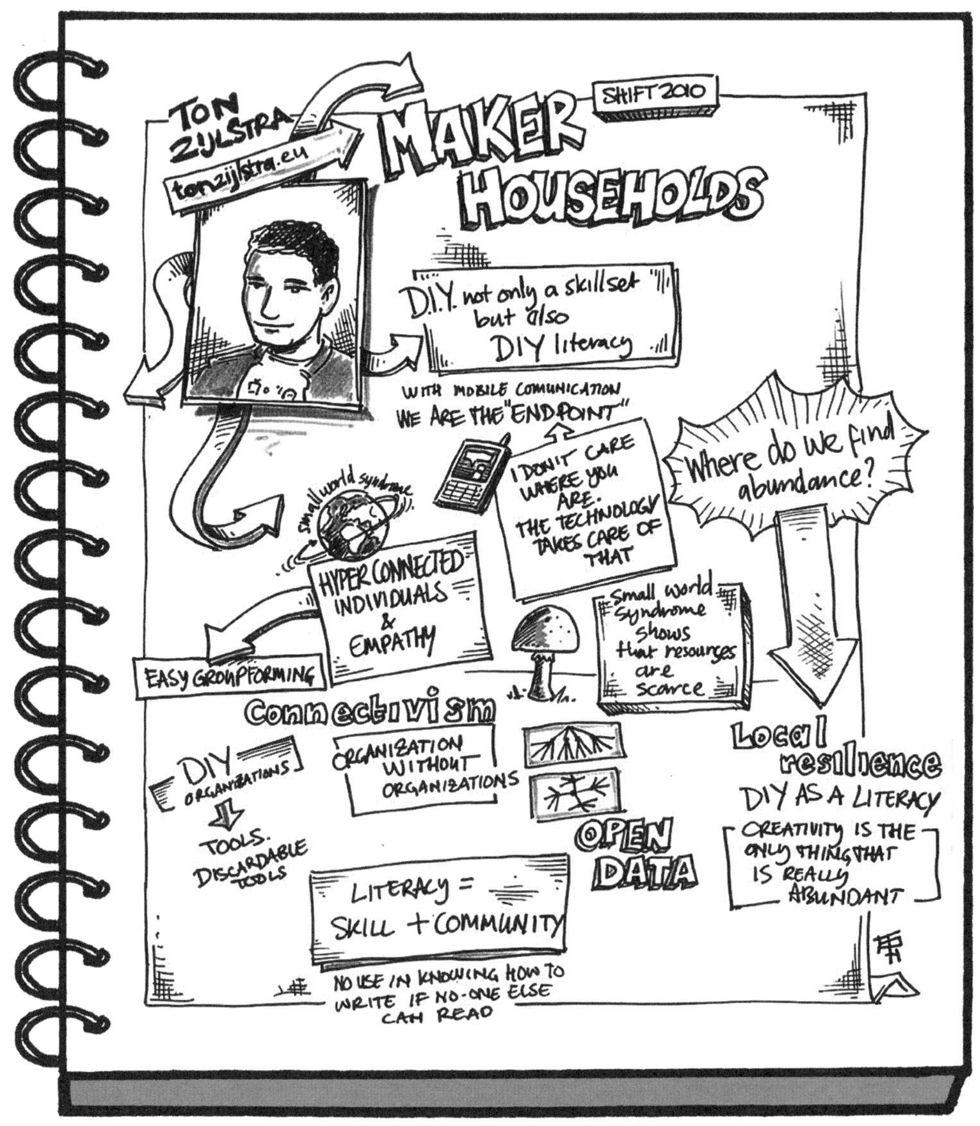

Bauke Schildt • Ton Zijlstra

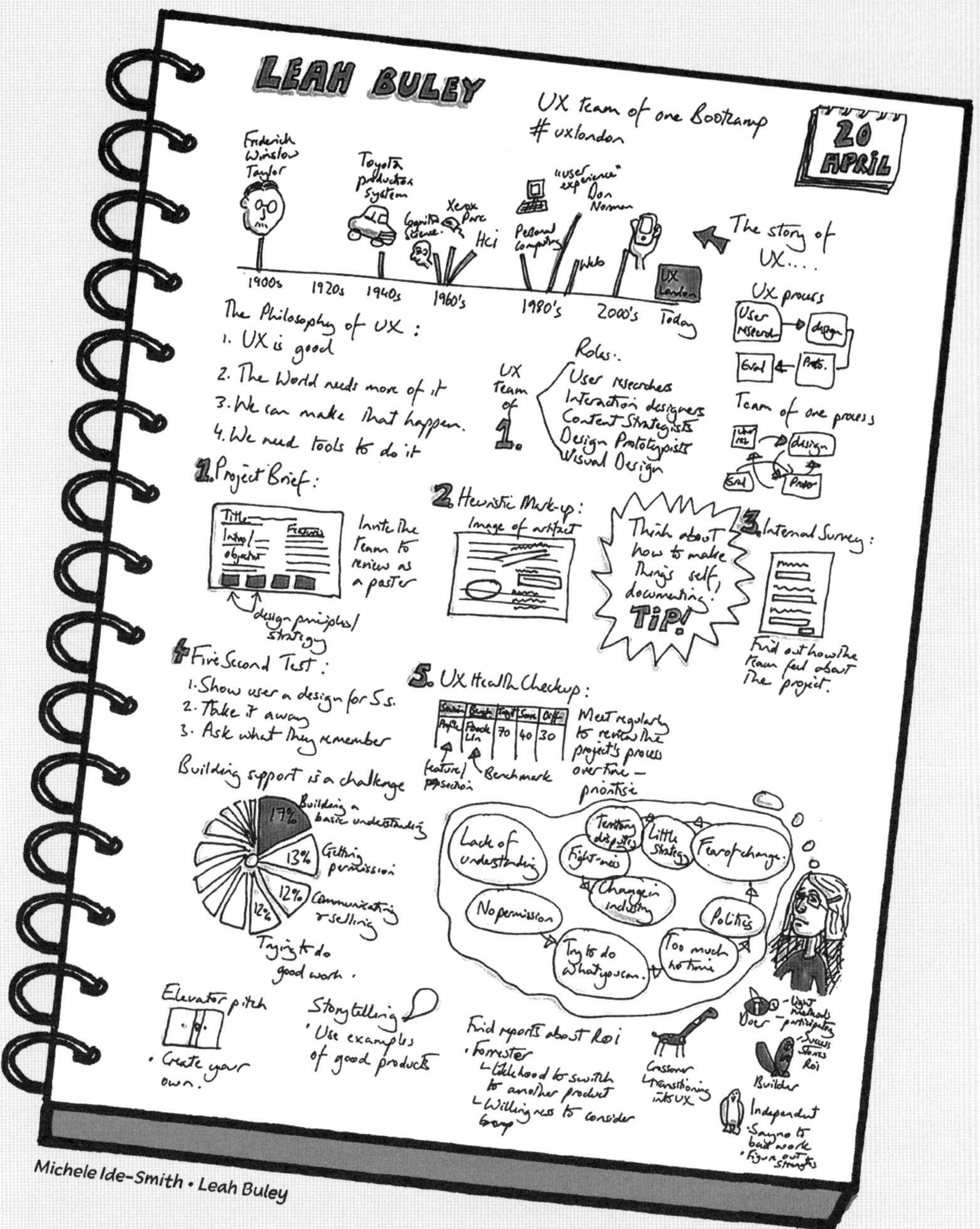

Michele Ide-Smith • Leah Buley

路徑型版式 真的需要一些事前規畫，

而且萬一你要記錄的訊息爆量，超乎原先的規畫時，

可能還會面臨頁面空間不夠的窘境。

MODULAR 塊狀型

塊狀型版式可以分割單一頁面或跨頁，
劃分出截然不同的區隔或各別單元。
每一個區塊會涵蓋不同片段的訊息，
或是大型活動中不同講者的發言。

Gerren Lamson • BbWorld 2012

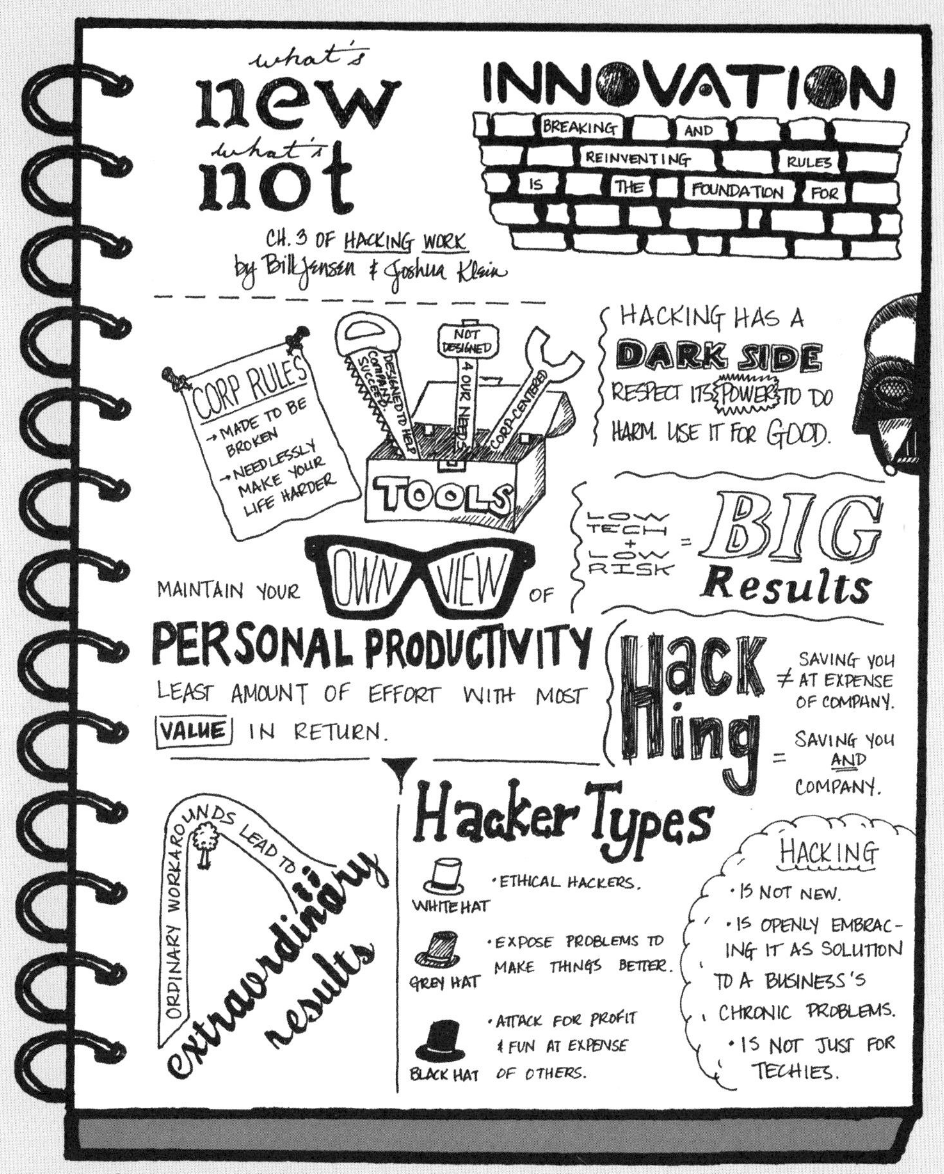

what's
new
what's
not
CH. 3 OF HACKING WORK
by Bill Jensen & Joshua Klein
INNOVATION
BREAKING
AND
REINVENTING
RULES
IS
THE
FOUNDATION
FOR
CORP RULES
→ MADE TO BE BROKEN
→ NEEDLESSLY MAKE YOUR LIFE HARDER
DESIGNED TO HELP COMPANY SUCCEED
NOT DESIGNED
4 OUR NEEDS
CORP-CENTERED
TOOLS
HACKING HAS A
DARK SIDE
RESPECT ITS POWER TO DO HARM. USE IT FOR GOOD.
LOW TECH + LOW RISK = BIG Results
MAINTAIN YOUR OWN VIEW OF
PERSONAL PRODUCTIVITY
LEAST AMOUNT OF EFFORT WITH MOST VALUE IN RETURN.
Hack
Hing
≠ SAVING YOU AT EXPENSE OF COMPANY.
= SAVING YOU AND COMPANY.
ORDINARY WORKAROUNDS LEAD TO extraordinary results
Hacker Types
WHITE HAT
• ETHICAL HACKERS.
GREY HAT
• EXPOSE PROBLEMS TO MAKE THINGS BETTER.
BLACK HAT
• ATTACK FOR PROFIT & FUN AT EXPENSE OF OTHERS.
HACKING
• IS NOT NEW.
• IS OPENLY EMBRACING IT AS SOLUTION TO A BUSINESS'S CHRONIC PROBLEMS.
• IS NOT JUST FOR TECHIES.

Marichiel & Dan Boudwin • Hacking Work

塊狀型版式好用之處在於，
如果你的目標是以棋盤格模式（grid-like pattern）
整理訊息，或是要在有限的空間中記錄許多發言內容，
它的呈現效果就很不錯。

JOHN MARY
ANN FRED
BOB SUE

想法1 想法2
想法3 想法4
想法5 想法6

然而，塊狀型版式的問題在於能夠用來做塗鴉筆記的訊息量會受到限制。
尤其，當你要在單一個區塊中記錄好幾段談話內容的時候。

採取塊狀型塗鴉筆記時，為了避免記錄空間不夠，
下筆前要先確立區塊的空間。
確立的基準可以根據講者人數，或是整個活動中
涵蓋的議題數。

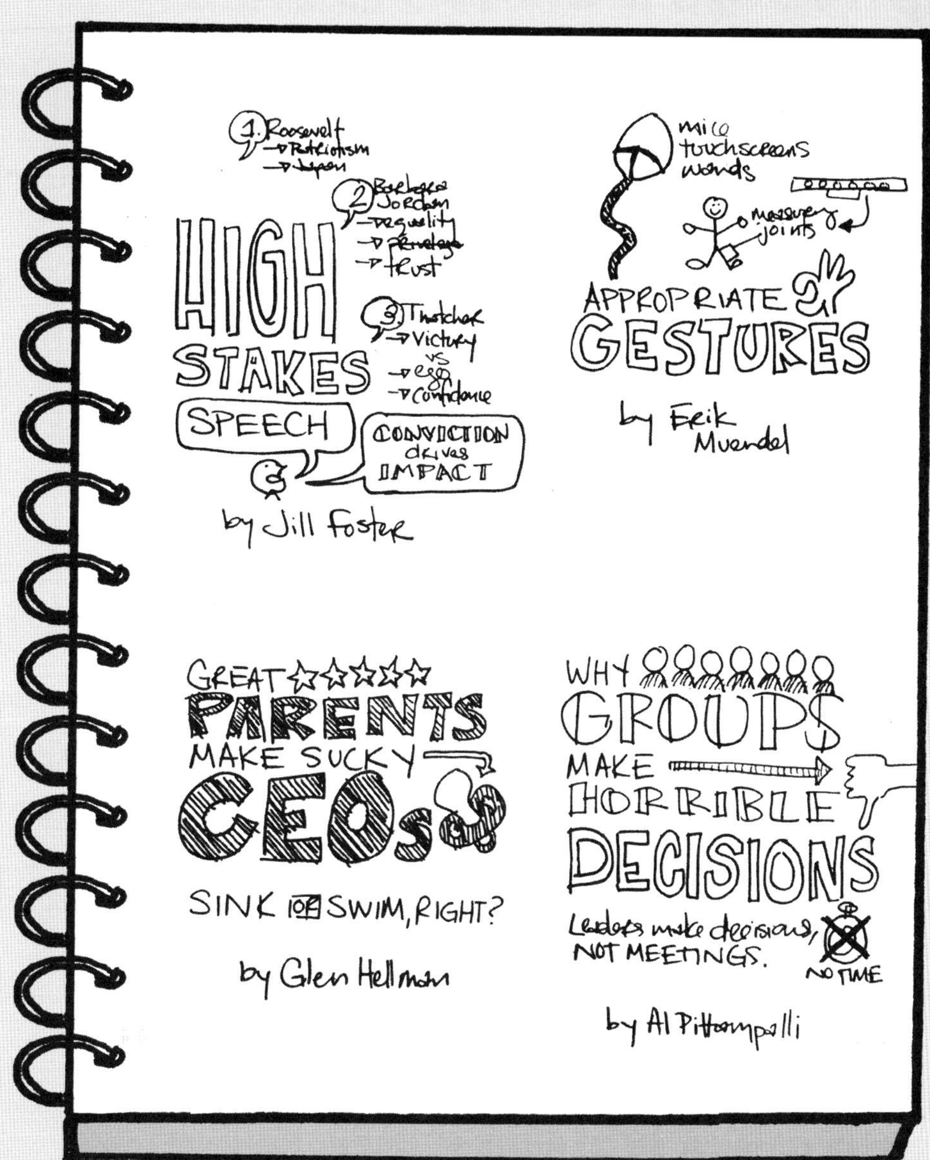

Veronica Erb • Ignite DC 2011

SKYSCRAPER 摩天大樓型

摩天大樓型版式近似於塊狀型，不同點在於將單一頁面分割成一個接一個高而直的版塊。每個版塊中放置不同的訊息。

這個版式非常適合同一場座談會，有多位人士在不同時刻發表意見時採用。

描繪摩天大樓型的塗鴉筆記時，

先為每一位講者建立獨立的欄位，
然後加入每位講者的姓名或畫像。座談會開始後，
你只需要在適當的欄位，加入每個人發表的意見即可。

1. 姓名和長相

2. 記錄意見

3. 填滿頁面

管理摩天大樓型的塗鴉筆記

在有限的空間中，注意要掌握好記錄的速度。
聚焦於重要關鍵字，以及有意義的內容。
盡量將聽到的想法篩選、濃縮成精髓。

由於摩天大樓型的塗鴉筆記也有空間限制的問題。因此，你需要更精挑細選出該記錄的論點。

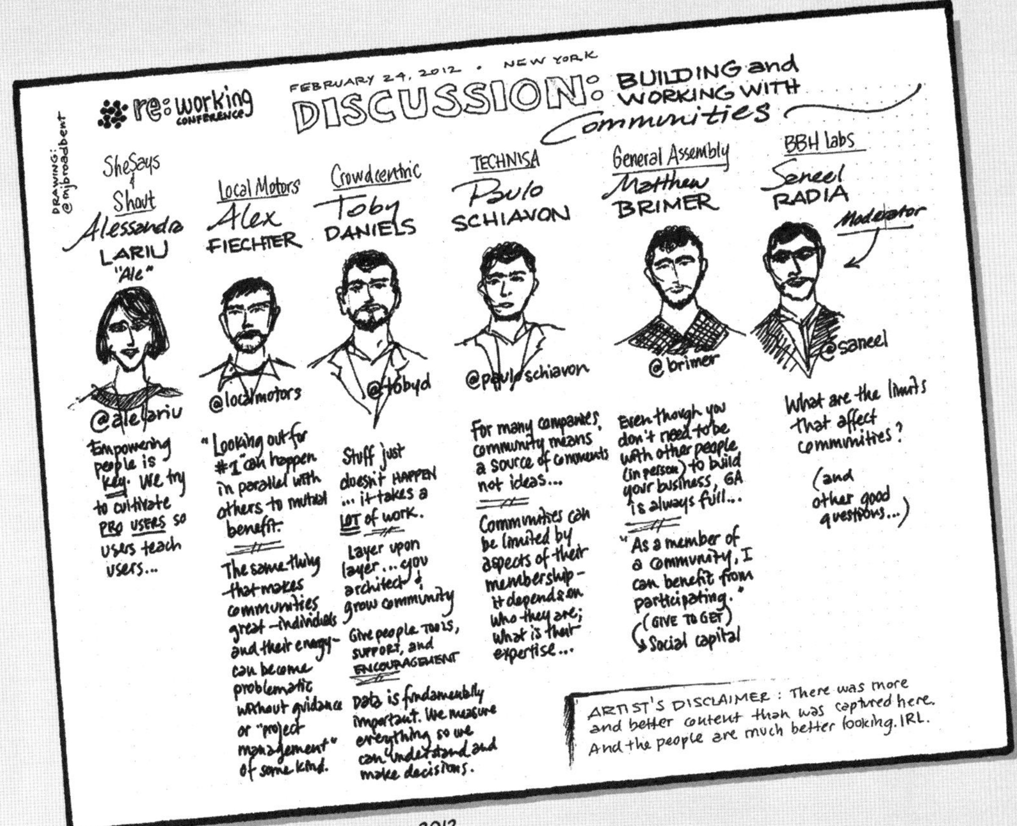

MJ Broadbent • Re:Working Conference 2012

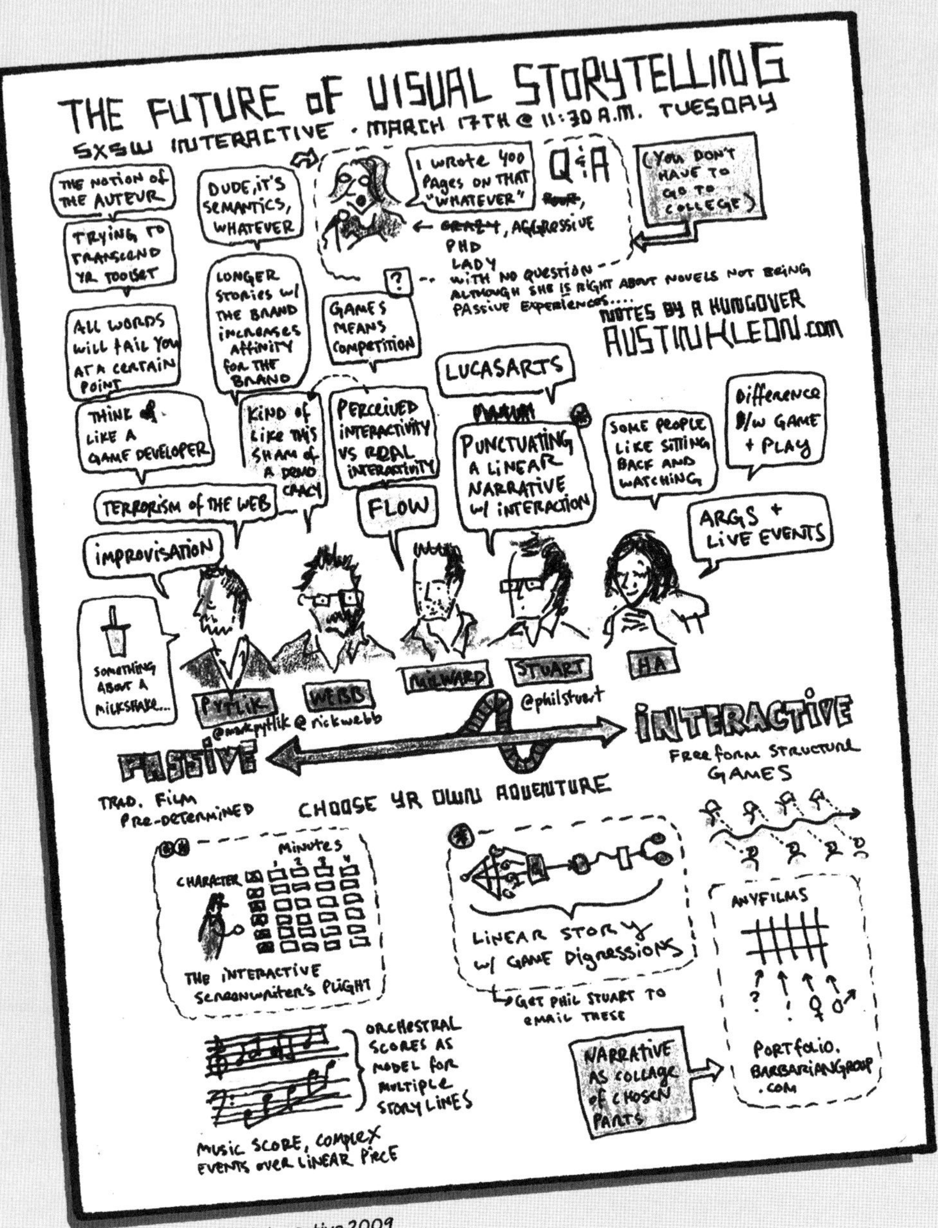

Austin Kleon • SXSW Interactive 2009

POPCORN 爆米花型

爆米花型版式的好處在於，
可用自由隨意的模式靈活擺放你想記錄的資訊。
主題、講者姓名和花絮，
可以呈現在頁面的任何角落。

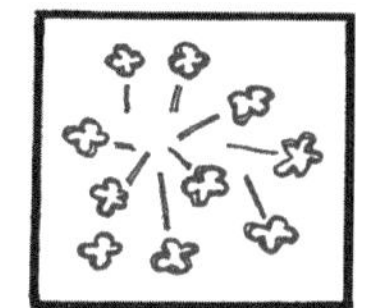

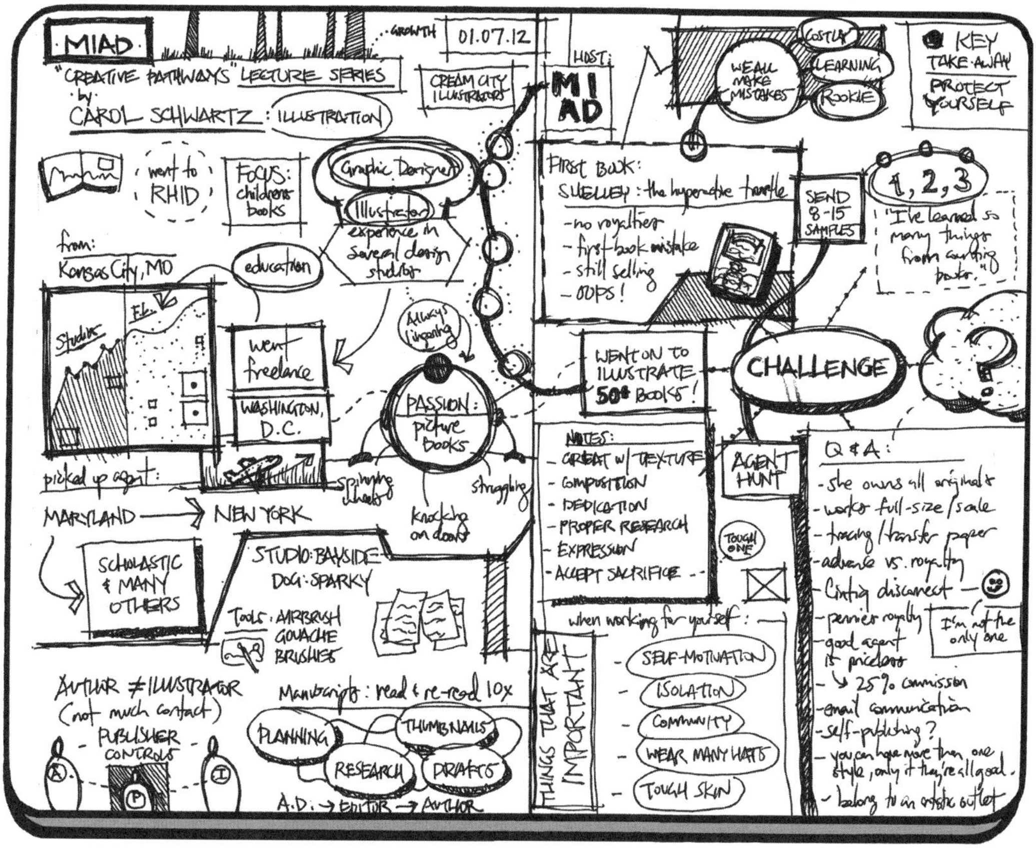

Timothy J. Reynolds • Carol Schwartz

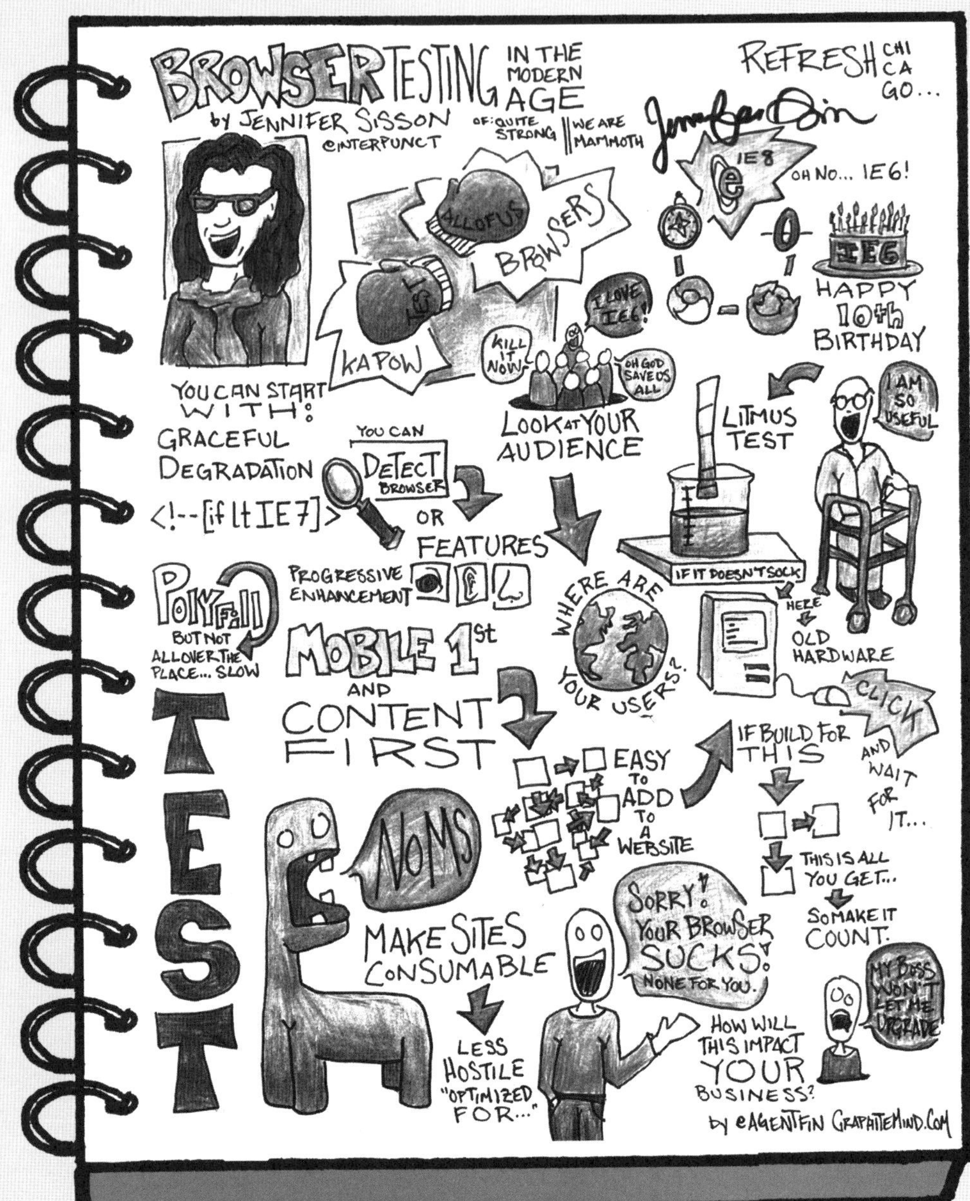

Alexis Finch • Jennifer Sisson

使用爆米花型時，重點在於記錄訊息，
而非將訊息擺在特定位置。這個做法可以讓你專注於捕捉講者的想法，不用費太多心思在訊息的擺放位置。

不過，格式自由的爆米花型版式，排列隨意，
可能會讓塗鴉筆記變得比較難以理解，
因為訊息的擺放沒有秩序。

版型樣式是起步的出發點

我列舉出來的幾種樣式，
只是塗鴉筆記常用的幾種架構罷了。
這7種版式是起步的出發點，
幫助你有動力開始下筆磨鍊塗鴉筆記的基礎技巧。

每一種都嘗試看看，
找出你最喜歡並可應用於特定場合的版式。
也不妨做些實驗，混搭看看，
你會發展出自己獨特的版式。

小結

RECAP

→ 塗鴉筆記融合了風格和思考，展現創作者的個性。

→ 如果你不是藝術家，可參考專業人士繪製的塗鴉筆記來當範本，激發自己的創作靈感。

→ 塗鴉筆記的重點永遠在架構的好壞，你的繪圖技巧無關緊要。

→ 即便你是繪畫菜鳥，使用簡單的線條，再搭配好的架構，你依然可以做出絕佳的塗鴉筆記。

→ 7 種主要的版型樣式依序為：線型、放射型、垂直型、路徑型、塊狀型，摩天大樓型，以及爆米花型。

→ 每一種版式都有其優缺點。每一種都嘗試看看，學習不同版式如何在不同場合發揮效果。

★ 下一章：從草稿到見體成形，營造出你獨有的畫面

Austin Kleon said
曾說過
奧斯汀・克隆
Draw the Talks...
演講內容要畫下來
OK!!
Here's a few Tips
我有幾個祕訣
GERREN LAMSON
傑倫・拉姆森
WATCH
觀察
"BE QUIET
"請安靜"
Shhh..
噓……
FOLLOW the MOST INSPIRING Words
留意最能啟發你的言詞
WWW.GERRENLAMSON.COM
DESIGN and ILLUSTRATION
設計與插畫
Listen
仔細聽
& DRAW...
動手畫
IT'S THE RIGHT THING TO DO.
這樣做就對了

TAKE YOUR Time
不用急，慢慢來
+
思考
THINK
SUMMARIZE
摘要概述
Breathe AND FOCUS..
深呼吸與專心
Look for Good Points
找出不錯的觀點
DON'T over-capture or RUSH..
千萬不要
記錄過多或倉促了事
N CONCLUSION, BE Natural...
總之，放輕鬆，自然一點吧……

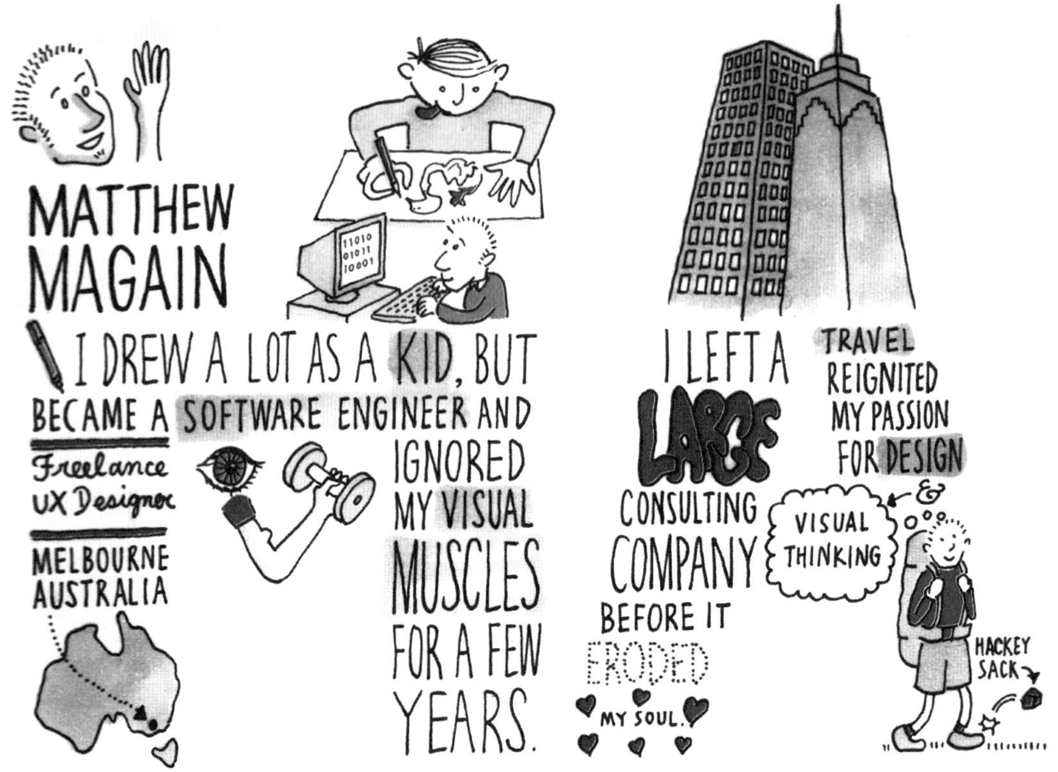

MATTHEW MAGAIN

I DREW A LOT AS A KID, BUT BECAME A SOFTWARE ENGINEER AND IGNORED MY VISUAL MUSCLES FOR A FEW YEARS.

Freelance UX Designer

MELBOURNE AUSTRALIA

I LEFT A LARGE CONSULTING COMPANY BEFORE IT ERODED MY SOUL.

TRAVEL REIGNITED MY PASSION FOR DESIGN & VISUAL THINKING

HACKEY SACK

M 馬修 · 梅格恩
自由業、使用者體驗設計師，來自澳洲墨爾本。
小時候常畫畫，長大後成為軟體工程師。幾年來，
我都忽視自己的視覺圖像力。

A 在心靈被腐蝕殆盡前，我離開了任職的
大型顧問公司。讓旅行重燃我對設計
的熱情。

TIPS

MASTER SKETCHING COMMON WORDS USED IN PRESENTATIONS.

CLOUD

SHIP

WANKEL ROTARY ENGINE

NOT ALL THAT COMMON BUT IT SOUNDS FUNNY!

ZOOM

MAPS

IPHONE

TABLET

PRACTICE BY WATCHING RECORDINGS

TED.com

UX WEEK.com

coursera.org

AIM FOR CURATION NOT COMPLETENESS

FOCUS ON WHAT RESONATES WITH YOU.

YOU'RE CREATING A MEMENTO NOT A REFERENCE

M 祕訣：要能熟練的描繪出演講中
常說到的關鍵詞。

A 邊看 TED.com、UXweek.com 和
coursera.org 的視訊，
邊練習塗鴉筆記。

C 目標是蒐集與彙整，而非呈現完整
內容！聚焦在引發你共鳴的內容。
你是在創作一份紀錄而非參考書。

MICHAEL, FROM Microsoft SAW MY SKETCHNOTES, AND HE ASKED ME TO LIVE-SKETCHNOTE THE REMIX 2011 KEYNOTE ON A 1m×1m CANVAS

I ALSO WROTE & ILLUSTRATED A CHILDREN'S BOOK ABOUT A MATHEMATICIAN WHO ATTEMPTS SOLO FLIGHT CHARLIEWEATHERBURN.COM

PLUG

LILY SERNA
A GAME SHOW
HOSTESS READ
A PAGE OUT
ON NATIONAL
TV!

T 在微軟任職的麥克，看到我的塗鴉筆記後，
邀請我為 REMIX 2011 的主講人，現場同步繪製一幅長寬各 1 公尺的大型塗鴉筆記，在 500 人面前，實在太酷了！

A 我也創作過一本兒童繪本，內容是關於一個嘗試單獨飛行的數學家。
有一位益智節目的女主持人，在全國性電視上讀了其中一頁！

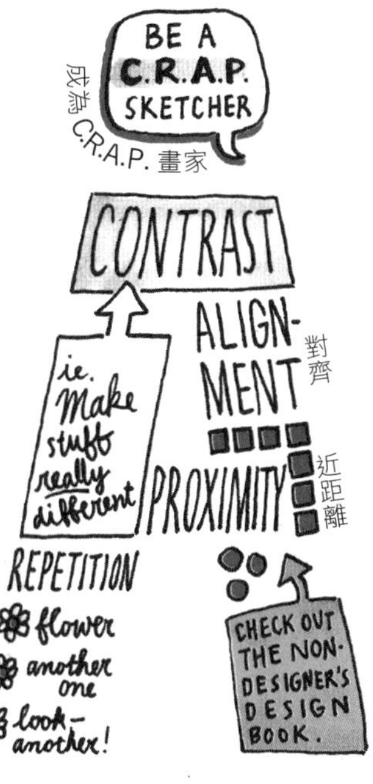

WATCH THE CLOCK
IF THE TALK IS HALFWAY DONE AND YOU HAVEN'T FILLED HALF THE PAGE,
SPEED UP!
MAKE USE OF
TYPE EMPATHY
e.g.
THOUGHTFUL
HEAVY
FLASHY
QUIET.
EPIC
NERVOUS
LOUD
SAY HELLO!
mattymcg
ON THE WEB:
UXmastery.com

A Contrast 對比 ← 突顯出差異性，詳情請參 The Non-Designer's Design Book。

I 注意時間
假如演講已經過了半場，
而你還沒完成半頁，加速吧！

N 多加利用字形表達相似情緒。
參考下面各種展現情緒的
對話框。

CHAPTER 6

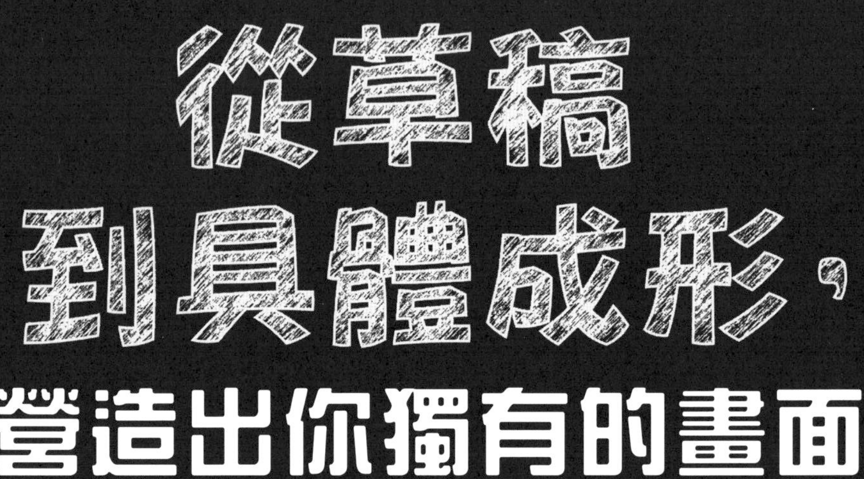

從草稿到具體成形，營造出你獨有的畫面

明白版面樣式的種類後，
該是你動手的時刻了。
本章將一步步拆解塗鴉筆記的過程，
從如何記錄、架構層次到加入細節，
最終擁有任何人都模仿不來的獨有風格！

塗鴉筆記
2 種不同的記錄法

即席
塗鴉筆記

兩階段式
塗鴉筆記

不論哪一種方法

都很重視使用視覺元素，
在塗鴉筆記中融入自己的個性
也是它們強調的重點。

即席塗鴉筆記

我和很多塗鴉筆記創作者，都是在會場即席創作。
當場記錄時，我都會全心投入講者的談話、擷取好想法，
再統整後轉成視覺化筆記。

當場做塗鴉筆記就和傳統筆記方式一樣，
但最大的不同點在於，在筆記中
還會加入一整套的視覺化元素。例如：

- 字形
- 繪圖
- 手寫字
- 圖示
- 分隔線
- 箭頭
- 條列式重點
- 圖標
- 外框

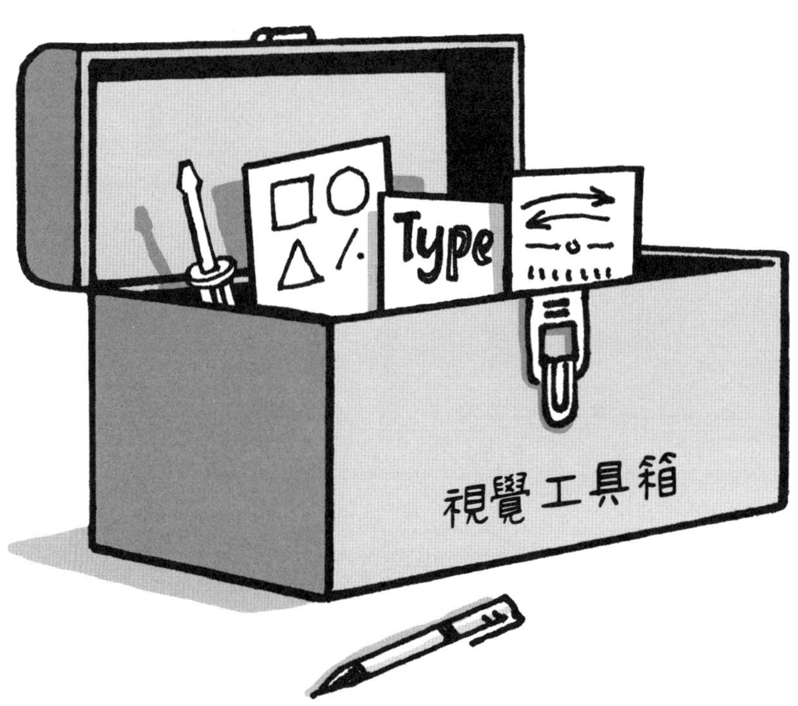

即席筆記，
代表你得
一邊聽取
重要概念
一邊記錄下來。

保存

即席塗鴉筆記

要做到其實沒有聽起來那麼難。
你只要完全專心聽演說內容，
就能決定哪些關鍵資訊值得記錄，
以及哪些資訊沒有摘錄的價值。

丟棄

即席塗鴉筆記的功力
會隨著反覆練習而進步。
越常練習，
你聆聽、辨認模式和繪圖的技巧
就會越純熟。

即席塗鴉筆記
最大的優點：
當活動結束時

也

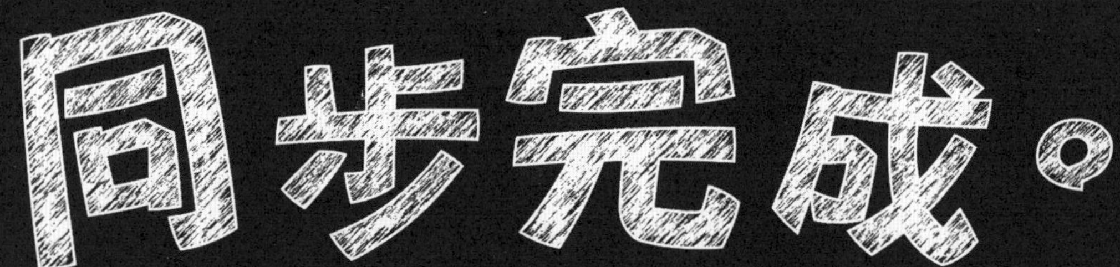

兩階段式塗鴉筆記

有些創作者偏好用兩個階段來完成他們的塗鴉筆記。
先打草稿，之後再花時間補強或重新塗畫。

A 兩階段式：由鉛筆到上墨

兩階段式的第一種手法，
是剛開始不用原子筆或鋼筆等墨水筆，
而是先用鉛筆即席記錄。

活動結束後，創作者再用墨水筆
沿著鉛筆線條重描一遍，
並細調內容、增添細節。
這時也正好可以用麥克筆、色鉛筆或水彩上色。

因爲從鉛筆到上墨的過程中，
你等於經歷了兩次腦內訊息轉換動作，
因此能夠加深記憶。

當然，你仍然要先在當場做筆記，
只是結束後必須多一道工，
將所有鉛筆字跡重新描繪過一遍，
才算完成整份塗鴉筆記。

用鉛筆繪製塗鴉筆記
或許讓你可以修正錯誤，
但相較於使用墨水筆的當場記錄，
你可能需要花上兩倍的時間來完成。

Alexis Finch • Radiolab Penciled Sketchnote

Alexis Finch • Radiolab Inked Sketchnote

B 兩階段式：由草稿至完稿

兩階段式的第二種手法，是先隨興記下粗略的文字和視覺元素，事後重製成完稿。
這種方法的重點不在於當場畫出完美的塗鴉筆記。
因此，對某些人而言，可能降低不少進入
塗鴉筆記世界的門檻。

兩度消化筆記內的訊息，

雖然有助於增進理解力。
但是，如同從鉛筆到上墨的方法一樣，
這種方式需要花上兩倍的時間才能完成。

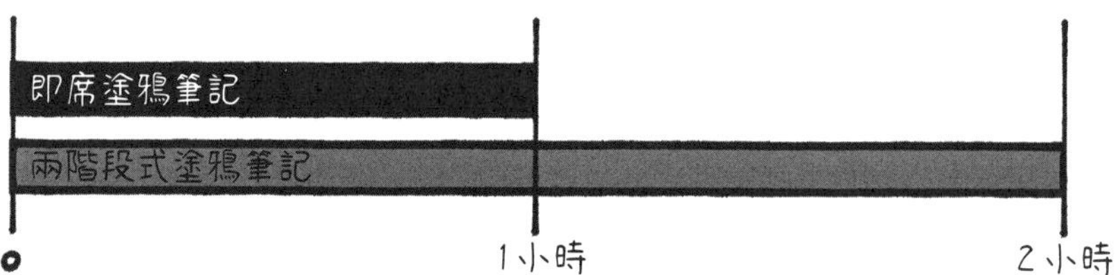

如果你擔心出錯，或想慢慢探索塗鴉筆記，

採用兩階段式的方法當成嘗試，沒有問題。

但別一直停留在這種方法上。

直接用墨水筆完稿的即席塗鴉筆記，

其實比你想像中的更簡單。

不論你用何種方式
創作塗鴉筆記，
請牢記：

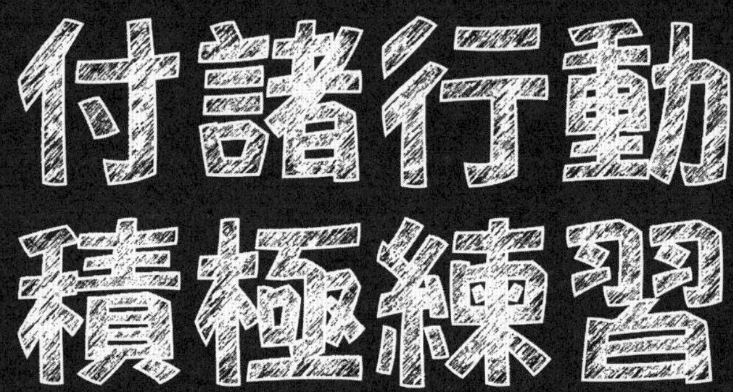

塗鴉筆記
就是要

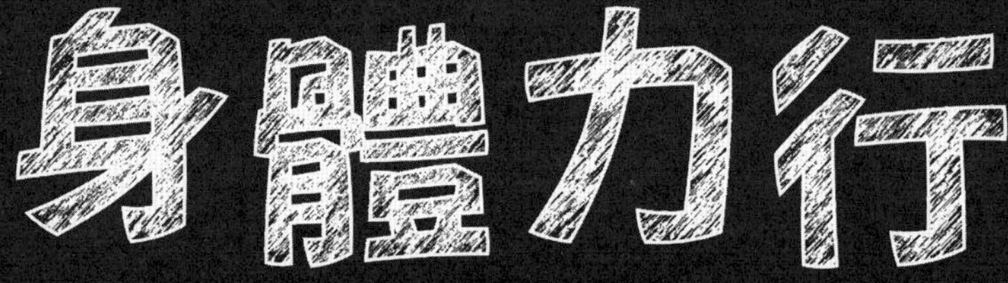

設計出層次

創作塗鴉筆記時，其中一項關鍵任務是為訊息打造出一個有邏輯性的層次。界定出層次，有助於你和他人解讀你的塗鴉筆記，了解你記錄的訊息有什麼重要性。

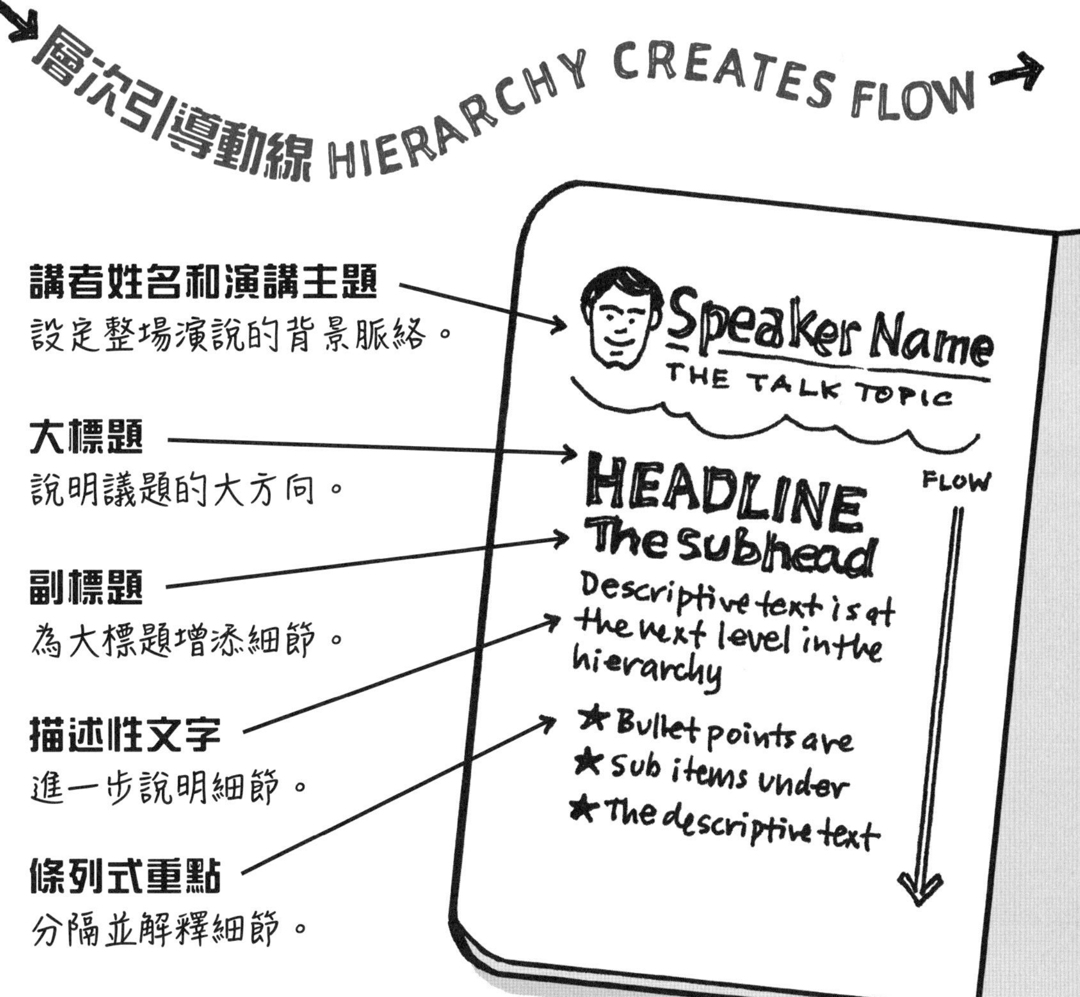

層次的用法：

一篇筆記中，我會使用多種元素來標明層次，
強調出哪些部分是重要的關鍵訊息。

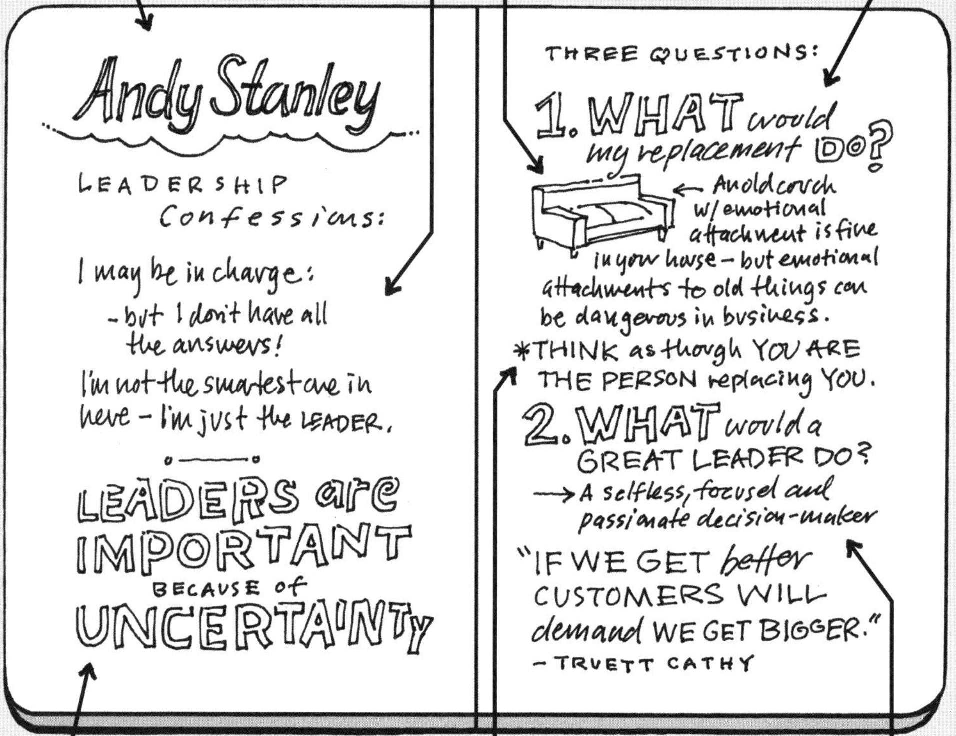

最頂端先大大列出
講者姓名和主題。
描述文字說明演講內容。
沙發插圖強調
第一個大標。
標出大標的號碼
帶出層次感。
Andy Stanley
LEADERSHIP
Confessions:
I may be in charge:
-but I don't have all
the answers!
I'm not the smartest one in
here - I'm just the LEADER.
LEADERS are
IMPORTANT
BECAUSE of
UNCERTAINTY
THREE QUESTIONS:
1. WHAT would
my replacement DO?
An old couch
w/emotional
attachment is fine
in your house - but emotional
attachments to old things can
be dangerous in business.
*THINK as though YOU ARE
THE PERSON replacing YOU.
2. WHAT would a
GREAT LEADER DO?
→ A selfless, focused and
passionate decision-maker
"IF WE GET better
CUSTOMERS WILL
demand WE GET BIGGER."
- TRUETT CATHY
Mike Rohde • Andy Stanley
重點用較大的字形
來表現。
用星號來強調
第一點中的細節。
第二點的細節則用
箭頭來強調。

層次的元素

為了引導讀者目光跟著你為筆記設計的動線走，
以下是一些用來強調層次的好用元素。

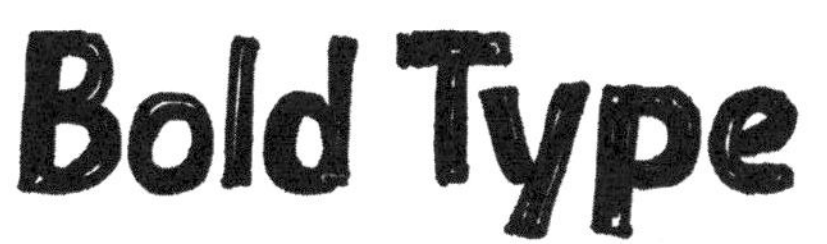

粗體有助於使人聚焦於重要觀點。

ALL CAPS

以英文來說，所有字母使用大寫，也是強調重點的方式。

1. 第一個概念
2. 第二個概念
    a. 第一個子項目
    b. 第二個子項目

標號可以表達出更有結構性的層次。

* * → ★ ● ▲ ! ?

符號圖標不論是單獨使用或條列使用，都是標示主要觀點的好方法。

個性化

塗鴉筆記會帶有個人色彩。你當下聆聽和處理訊息時，個人的見解會自然而然在過程中發揮影響力。

你的個性會主導你
決定要捕捉哪些想法，
以及這些訊息對你的意義。

在手語翻譯時，翻譯員會被要求保持中立，必須完全精準的傳達出講者說的一字一句，不能增添與刪減。

但塗鴉筆記不需要保持中立。
事實上，在筆記中表明或
植入的個人見解
非常耐人尋味，
因為當中往往透露了
創作者下筆過程中
聽聞與思考的事。

個性化小祕訣

以下是一些如何在塗鴉筆記中注入個性的小訣竅：

評述

針對一項觀點，無論你同意或不同意（有異見是最好的），記下你的想法。

塗鴉筆記中注入的個人意見，可以成為日後回想的絕佳參考。

幽默

如果你發覺聽到的內容很逗趣，就在該觀點上帶入你的想法。在你的幽默評論中，搭配滑稽的人物、卡通角色或其他事物，開心玩吧！

盡情搞怪

塗寫時，多多嘗試不同風格的字形與元素。

比方說，使用華麗的手繪字體、奇形怪狀的外框或符號圖標。想要強調特定想法時，可添加一些圖形元素，像是漩渦、線條或星號。

我超愛以下這頁塗鴉筆記，
它的評論和漫畫風格真是幽默。

Mark Monlux • IFVP 2012

以下是兩張較為古怪風趣的塗鴉筆記：

Erin M. Hawkins • Doug March

Mike Rohde • SXSW Interactive 2008

- 該如何騎大小輪古董車？
  道格 ・ 瑪曲 1/12/12
- 俄亥俄：道格因為無法加入 NBA，
  所以去念道頓大學。
- 簡短歷史：萊特兄弟，2 位立下豐功
  偉業又超有時尚感的兄弟。
  或許他們是第一代的文青呢。
- 「如果我問人們想要什麼，
  他們會回答『更快的馬』。」
  ——亨利 ・ 福特
- 我數學和科學都很差，
  當不成工程師。
- 重申／重申／再重申

- SXSW ——南方 X 西南方，德州奧斯丁
- 互動式嘉年華 2008，一連串的活動
- 網路／推特／語音／郵件／簡訊

小結

RECAP

- 即席塗鴉筆記重點在於，記錄你聽到的重要、有關聯性的訊息。
- 兩階段式塗鴉筆記，先記下較為潦草的筆記，事後再完稿或重製。
- 塗鴉筆記是以傳統筆記為基礎，但利用字形、圖畫和其他視覺元素增添更多細節。
- 反覆練習可以增加即席塗鴉筆記的技巧。
- 運用層次和個性化，讓塗鴉筆記變得更獨特和有趣。
- 塗鴉筆記不必保持中立。個人見解、幽默感和搞怪想法，可以盡情顯露你的個人特色。

★ 下一章：塗鴉筆記的技術和技巧

TIMOTHY J. REYNOLDS
提姆西・雷諾茲

繪圖師

目前住處　威斯康辛州密爾瓦基市

啤酒與起司之都！

最愛的塗鴉筆記本
Moleskine 素描本（大）

最愛的鉛筆
PRISMACOLOR
靛藍色，極細

最愛的原子筆
UNIBALL VISION EXACT

過程：

（請見下一頁）

我從小就在畫畫。走到哪兒都帶著 Moleskine 素描本。

不論在學校、課堂上、工作時都在塗鴉。

但我到幾年前為止，做筆記始終是有一搭，沒一搭。

開始繪製塗鴉筆記，我就瘋狂愛上了。

現在我對於參加任何無趣的會談都躍躍欲試，只為了增加練習塗鴉筆記的機會。

網站
TURNISLEFTHOME.COM

聆聽

一開始永遠是用心聆聽，不論講者就在你眼前，或是觀看現成的影音檔案中。TED的演講是最佳的練習題材。

記錄

你的繪畫、塗鴉、手寫速度越快越好。用快速而結構鬆散的筆觸來記錄大部分的訊息。也要做好寫完後手會很痠的心理準備。別擔心，值得的。

連結

用箭頭和引導線來連結你記下的想法，嘗試讓有關聯性的概念串連在一起。

完成

通常演講結束時，我才能夠喘口氣休息一下。除了更多的引導線和圖形之外，我也會加上陰影、方塊及圓圈，來完成整個版面。

試著交錯塗上陰影，很有效果的。

最後，別忘了：分享出去。

維持

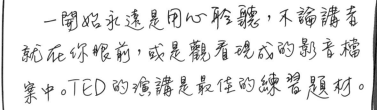

@TURNISLEFTHOME

另請參見：DRIBBBLE.COM/TURNISLEFTHOME（有我的3D作品！）

（沒錯，有3個B！）

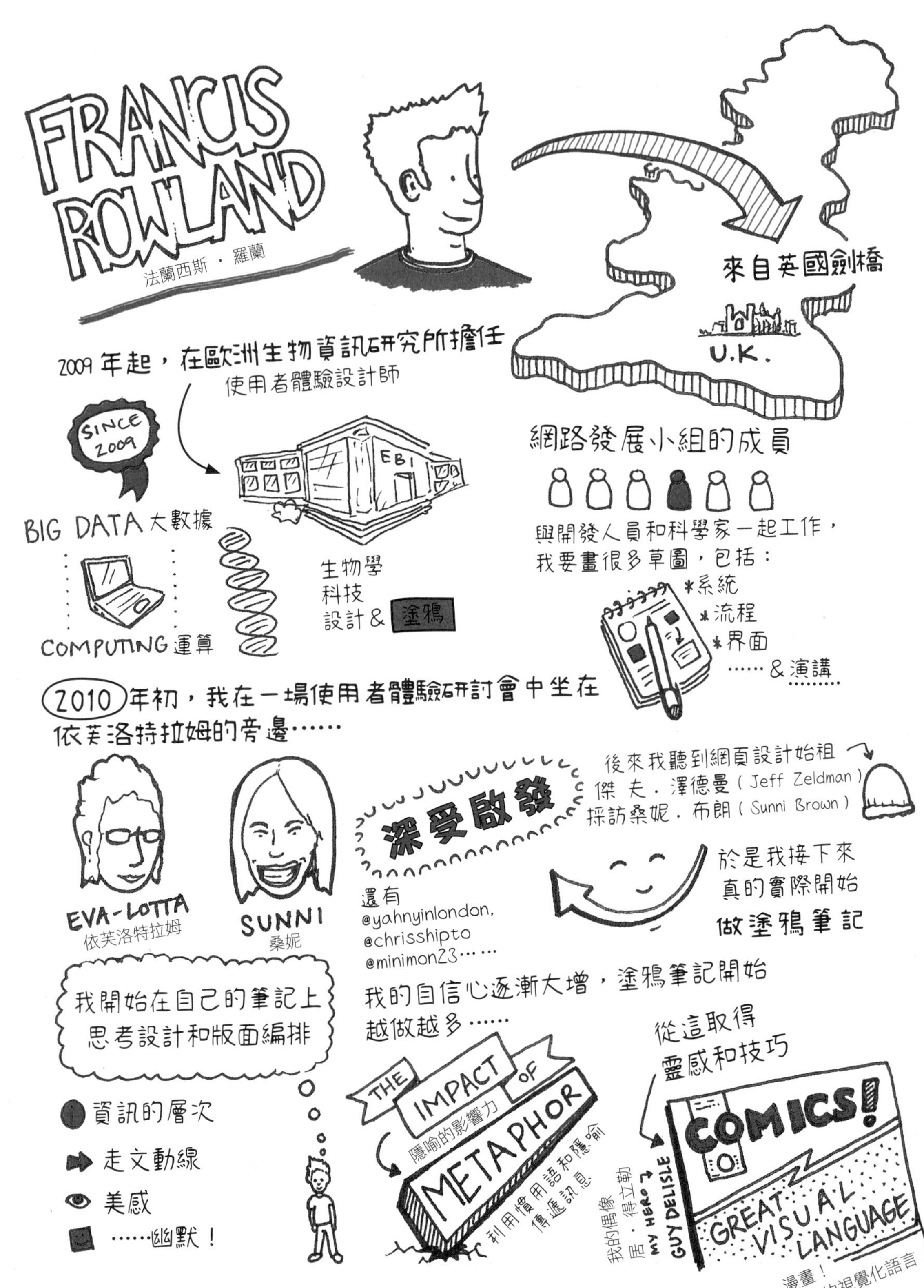

FRANCIS ROWLAND
法蘭西斯．羅蘭
來自英國劍橋
U.K.
2009年起，在歐洲生物資訊研究所擔任
使用者體驗設計師
SINCE 2009
EBI
BIG DATA 大數據
COMPUTING 運算
生物學
科技
設計＆塗鴉
網路發展小組的成員
與開發人員和科學家一起工作，
我要畫很多草圖，包括：
*系統
*流程
*界面
……＆演講
2010年初，我在一場使用者體驗研討會中坐在
依芙洛特拉姆的旁邊……
EVA-LOTTA
依芙洛特拉姆
SUNNI
桑妮
深受啟發
還有
@yahnyinlondon,
@chrisshipto
@minimon23……
後來我聽到網頁設計始祖
傑夫．澤德曼（Jeff Zeldman）
採訪桑妮．布朗（Sunni Brown）
於是我接下來
真的實際開始
做塗鴉筆記
我開始在自己的筆記上
思考設計和版面編排
資訊的層次
走文動線
美感
……幽默！
我的自信心逐漸大增，塗鴉筆記開始
越做越多……
從這取得
靈感和技巧
THE IMPACT OF METAPHOR
隱喻的影響力
利用慣用語和隱喻
傳遞訊息
我的偶像
居．得立勒
MY HERO
GUY DELISLE
COMICS!
GREAT VISUAL LANGUAGE
漫畫！
絕妙的視覺化語言

因此，我似乎已經發展出一種**風格**

當然，
有時候也會
想不出
該寫或
該畫什麼！

PENS & PAPER

筆和紙

MUJI

我使用無印良品 0.5/0.38mm 原子筆

百樂 V SIGN 簽字筆

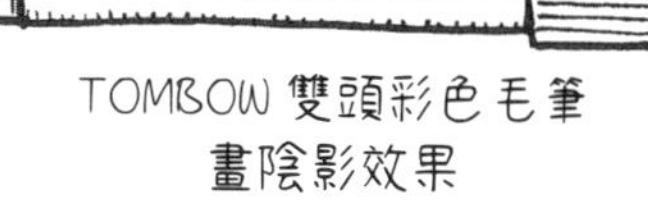

TOMBOW 雙頭彩色毛筆畫陰影效果（謝啦，依芙洛特！）

通常會有很多純文字，然後我會利用圖畫說明關鍵概念

不懂！
好無聊
累了！

沒關係
先完成其他筆記，
為下一場演說做準備，
或者乾脆畫在場觀眾。

A4

精裝筆記本，讓你可以輕鬆墊著塗寫

聆聽的秘訣

塗鴉筆記的核心是
觀察和聆聽……
萬一講者講得太快，
也只能更努力聽！

你需要
獵豹的
耳朵

繪圖的秘訣

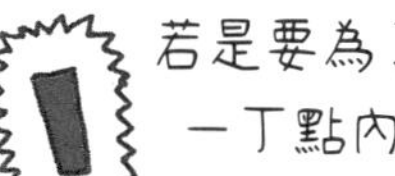

使用**原子筆**
（不用鉛筆）
思考架構，
並善用講者提供的
任何線索
上色和加陰影
稍後再補上……
這是沒問題的！

若是要為了一丁點內容，
讓我必須使用新頁面，
我會很不爽！

有一次參加一場研討會時，
現場竟然關掉所有的燈！

如果有人運用我做的塗鴉筆記，
我會非常自豪…

受邀製作塗鴉筆記

Alex Bateman
博士的
桑格研究所

裱框裝幀的筆記

與我聯絡
in
francisrowland

CHAPTER 7

塗鴉筆記的

工欲善其事，必先利其器。
現在該是你建立個人視覺筆記資料庫的時候了。
本章會傳授各種實用的繪圖技巧，
助你迅速下筆、一步到位！

層次的元素

- ☑ 塗鴉筆記是什麼
- ☑ 為何需要塗鴉筆記
- ☑ 如何創作塗鴉筆記
- ☑ 如何個性化塗鴉筆記

這一章你會學到的

技巧和技術：

- → 如何使用 5 種基本形狀來繪畫
- → 如何簡單迅速的描繪人物
- → 如何畫出臉孔和表情
- → 4 種創作字形的技巧
- → 如何寫出一手好字
- → 如何畫出各種視覺元素
- → 如何在腦中建立一座視覺庫
- → 該選擇哪些工具來繪製塗鴉筆記
- → 分享塗鴉筆記的小祕訣

重要的是想法，而非藝術性。

ideas NOT ART.

在你開始學習畫各種視覺元素之前，

請牢牢記住，塗鴉筆記著重的是捕捉與分享想法，並不是為了藝術。
就算你的畫功差勁，還是可以用來表現好想法。

即便你不是藝術家，
或是自認為不會畫畫，

你仍然可以創作塗鴉筆記！

以下的練習，目的就是幫助你逐步成功創作出筆記。
你辦得到的！

基本

★幾乎所有東西★

都能用上面5種元素畫出來。

是真的！只要用 5 種基本繪圖元素，
就讓你畫出所想像到的一切！

5 種基本繪圖元素：

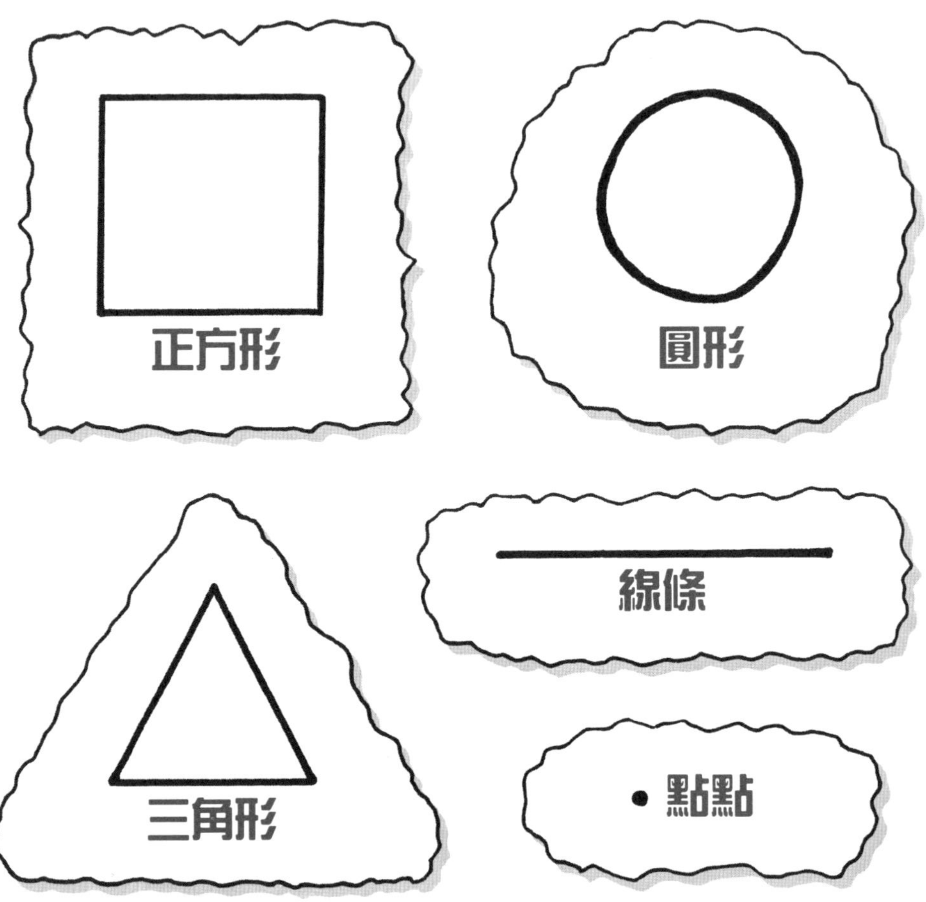

如此簡單就能創作出圖像，對於一些想在筆記上加圖、
卻自認不會畫畫的非藝術創作者來說，想必會大鬆一口氣吧！

對於「以想法爲重」的圖畫而言，

複雜的概念利用簡單的方形、三角形、圓形、線條及點點，具體畫出來，這是是很實用的技巧。

在下面的圖畫中，你能找出5個基本元素嗎？

↓

與其創作出
博物館典藏級
插畫

倒不如轉換重心
運用 5 種基本元素
創作簡單的圖畫
迅速表現
你腦海裡的
想法

○ □ △ — ・

比較以下10個圖

不論精緻的插畫還是簡單的圖畫，都傳遞了同樣的概念，但簡單的圖畫完成速度更快。

當你要現場做筆記時，速度和效率是至關重要的。

5 種基本元素的練習

該是下筆畫畫的時候了！在以下的框格中，請用 5 種基本元素：正方形、圓形、三角形、線條和點點，為每一格指定的字詞創作圖畫。萬一卡住，不會畫，就跳過先畫下一個。

房子 	車子	時鐘	書本
筆記型電腦	咖啡杯	船	冰屋
貓	狗	卡車	火車
拖拉機	燈泡	地球	土星
山	樹	鐵錘	扳手

魚	鳥	蟲	機器人
手電筒	相機	潛水艇	三明治
耳機	牛奶瓶	電池	電視
DVD	電視遙控器	廂型車	單車
棒球帽	T恤	鞋子	垃圾桶
漢堡	原子筆	鉛筆	手表

如何簡單迅速的描繪人物

快速畫出人物是很值得學習的技巧。人物的畫法有很多種，我要教你最快的兩種方法。

星形法

因為快速又簡單，許多專業的圖像記錄師都愛用。只要以下4個步驟，簡單又容易：

3 完成人物的身體

the Gray METHOD

格雷法

大衛・格雷（Dave Gray）傳授我另一種畫法，
只需要一個矩形、一個橢圓形和幾筆線條就能完成。
我超愛這種人物畫法，因為能很快完成，
此外若有多餘的時間還可以美化。
6個簡單的步驟如下：

❶ 畫身體

首先畫出一個矩形做為人物的身體。
如果要表現正經八百的姿勢，就畫筆直的矩形。如果想呈現動態的姿勢，就讓矩形朝任何角度傾斜。
矩形的角度會決定人物的姿態和方向。

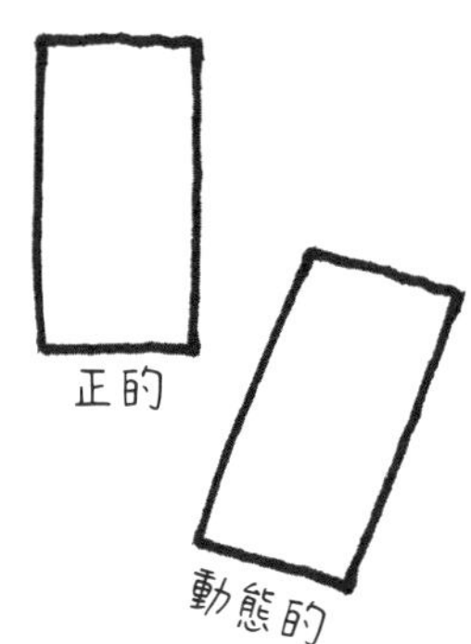

❷ 畫脖子

接下來，從矩形的上方拉出一條線，
當做人物的脖子。脖子不需要太長。

❸ 畫頭部

在脖子的上方畫一個圓形或橢圓形做為頭部。一定要留下足夠的空白來畫臉孔。

4 畫雙腿

因為腿部比手部更能呈現身體的姿態，
所以先利用線條為人物的驅幹增加雙腿。
可依需要，在腿部的膝蓋處有彎曲弧度。
再以簡單的線條畫出雙足。

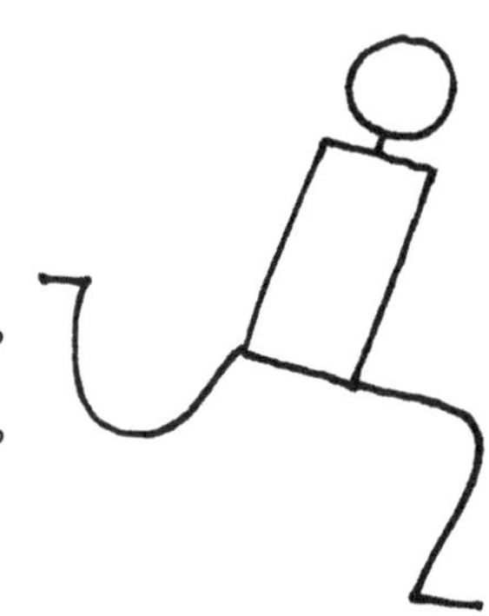

5 畫雙手

接著加上與身體姿勢相稱的雙臂，
在手肘處有彎曲的弧度。
手掌部位用簡潔的線條表達即可。

6 畫臉孔

最後，用簡單的線條和點點
畫上眼睛、鼻子和嘴巴。
以鼻子來說，一個簡單的線段
就能指出人物觀看的方向。

★ 美化！

一旦完成基本架構，
接著就盡情享受
為人物增添細節的樂趣吧！

練習畫人物

在下方的框格中，運用格雷法來畫人物。依照空白框格中的提示，加上衣服、鞋子、帽子，以及任何你想到的細節。

好好享受這個過程吧！

站立	奔跑
行走	跳躍

坐著	講電話	跳舞
父子散步	背包客	讀書
網球選手	功夫大師	主廚

如何畫出生動的臉

我的好友奧斯汀・克隆（Austin Kleon），僅用幾條直線和曲線勾勒出眉毛和嘴巴，鼻子則用三角形，再以點點畫眼睛，就能畫出一張臉孔。

參照下面的九宮格練習，很快就能畫出 9 種不同的臉部表情：

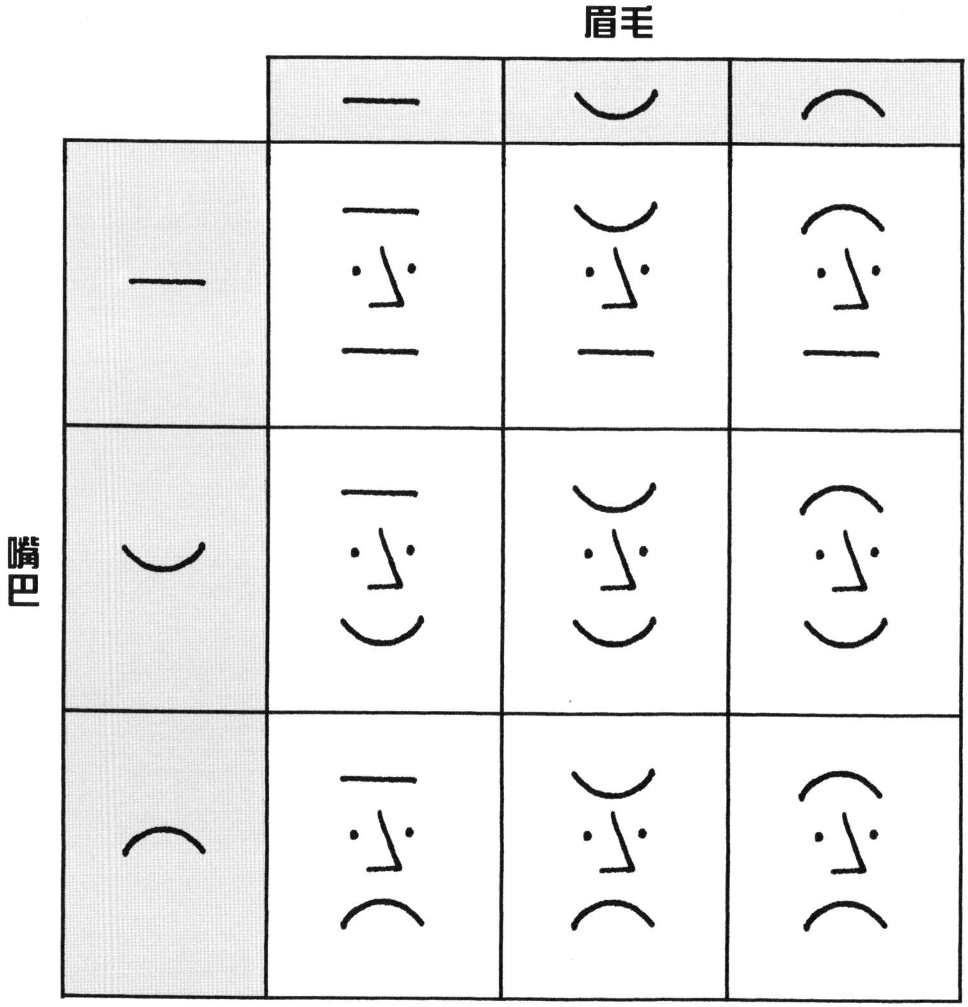

眉毛

嘴巴

練習畫臉

現在，換你拿起筆用奧斯汀的方法來畫臉吧：

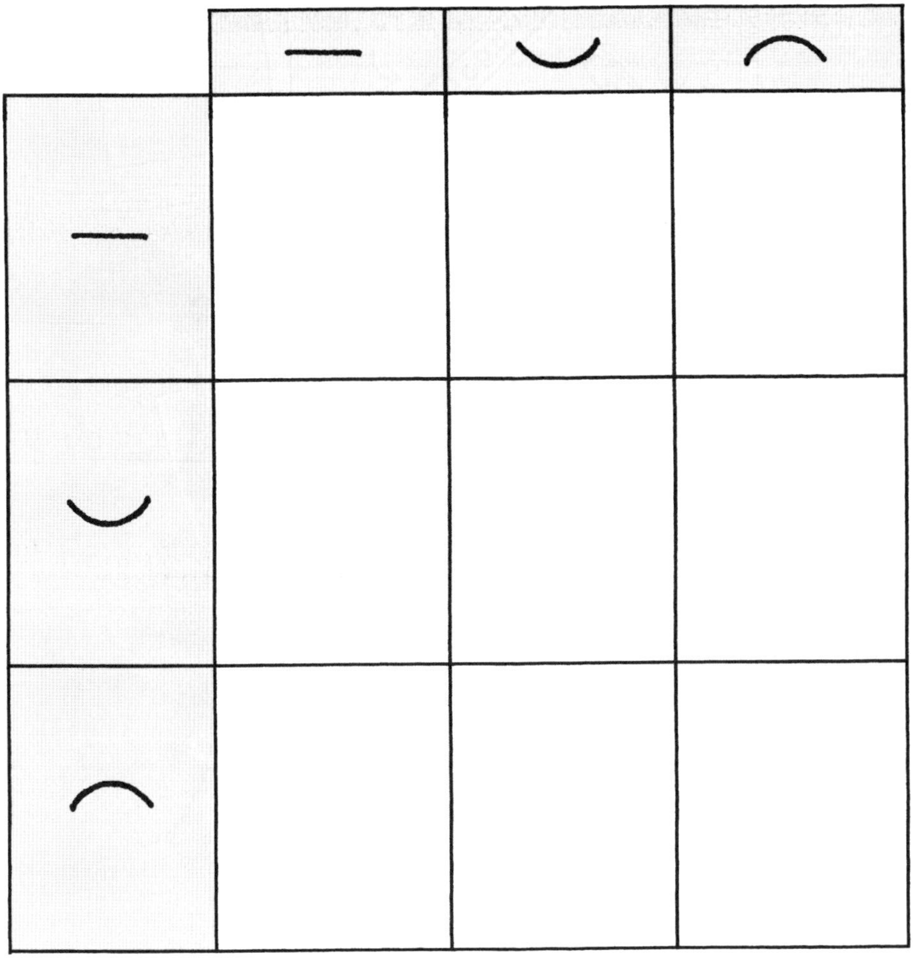

	—	◡	⌒
—			
◡			
⌒			

接著，在下方的空白臉上也試試同樣的技巧：

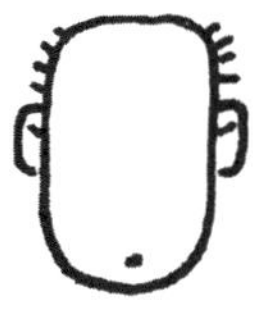

練習畫各種臉孔

再多畫幾種臉孔吧。我提供了幾種眼睛和嘴巴的圖樣，你也儘管自由發揮。

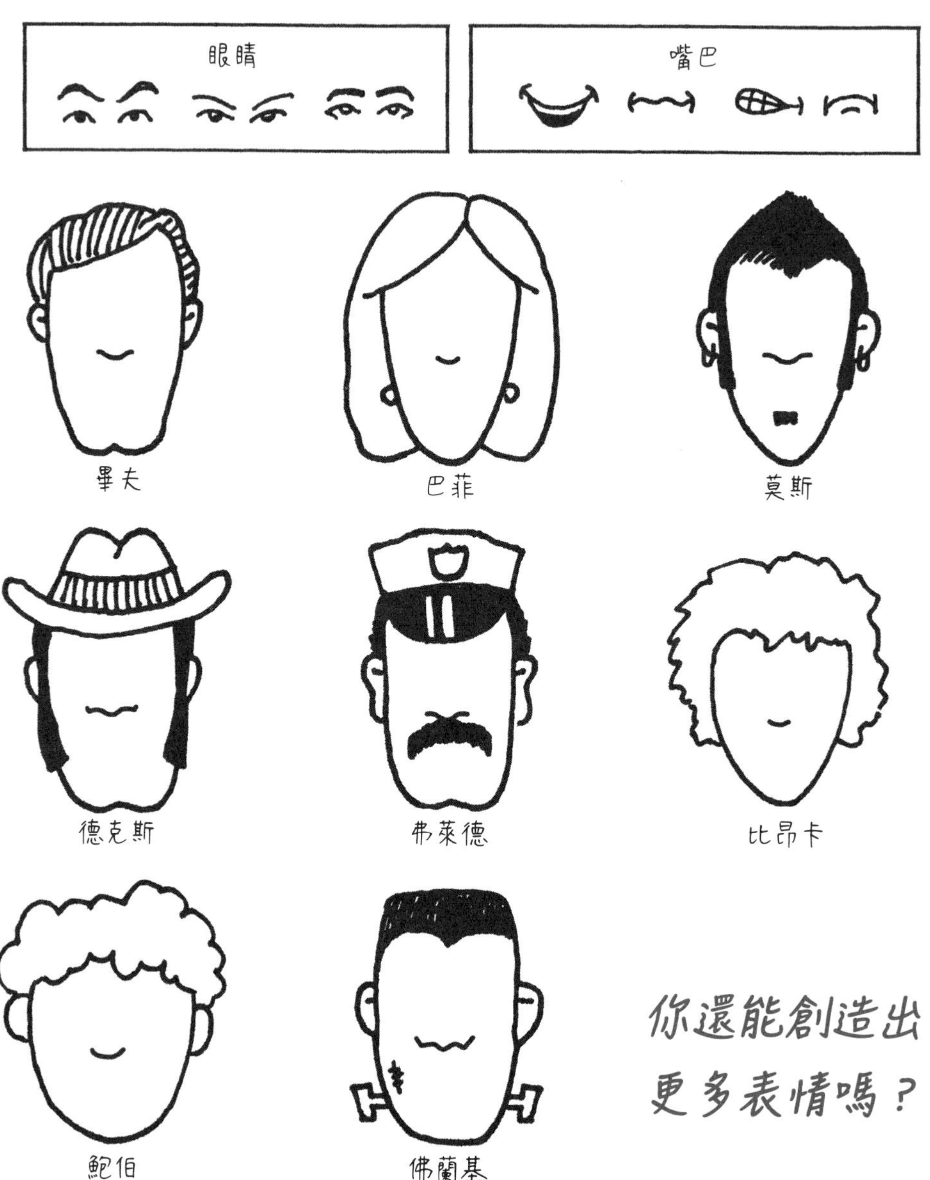

你還能創造出更多表情嗎？

繪製字形
TYPE
TYPE
TYPE
TYPE

4 種創作字形的技巧

普通的純文字筆記能夠瞬間變生動的妙方，就是使用手繪字突顯出字詞。事實上，要讓單字的字形更醒目或加大，有4種簡單的手繪方法：

單線字形

在同一行中，簡潔的標題可以讓人的目光
引導到你想要在筆記中強調的區塊。
此外，單一線條畫出單字也簡單與迅速。

SMALL LETTERING

Large Lettering

全部大寫、單線字形的小字母，
在塗鴉筆記中是區隔段落的好方法。

包含大小寫的單線字形字母
當做標題特別有效果。

在繪製字形時，儘管放輕鬆，
讓字形躍然紙上吧。

當你描繪字母或單字的單線字形時，請放慢速度，
一筆一畫、慎重其事的完成每一個字：

ABCDEFGHIJKLMNO

學習單線字形的描繪法最棒之處在於：
它是許多字形設計的基礎。

雙線字形

只要畫出兩條平行的線，就可以描繪出更粗的字形。
你可以先以單線描繪出字形後，再於旁邊加入第二條線。

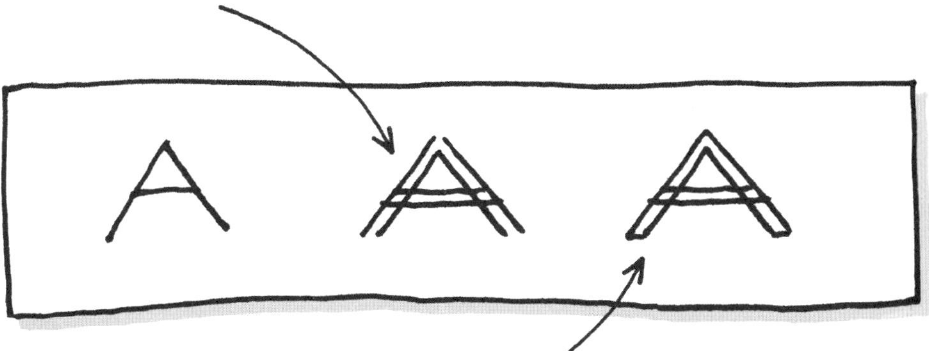

接下來，在每一個字的末端可以加一小段短線封住，然後空白處上色塗滿，打造出黑色粗體字。

帶著自信畫你的字形吧。
千萬別著急。

三線字形

這種粗體字也是從描繪單線字形的單字開始，然後在中線的兩側各添加一條線。

就像雙線字形的單字一樣，你可以在每一個字的末端添加短線來收尾，再於空白處上色填滿。這樣可以創作出非常粗的黑色字。

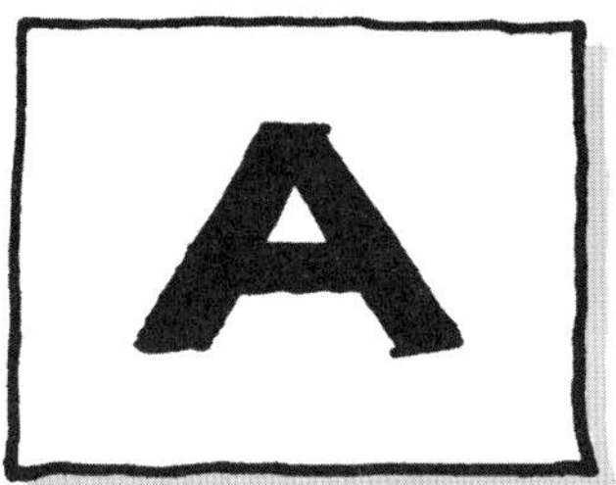

由簡開始，逐筆加大

以單線字形的單字為基礎，只要添加幾筆線條，就能讓你的字快速轉換成雙線或三線字形。

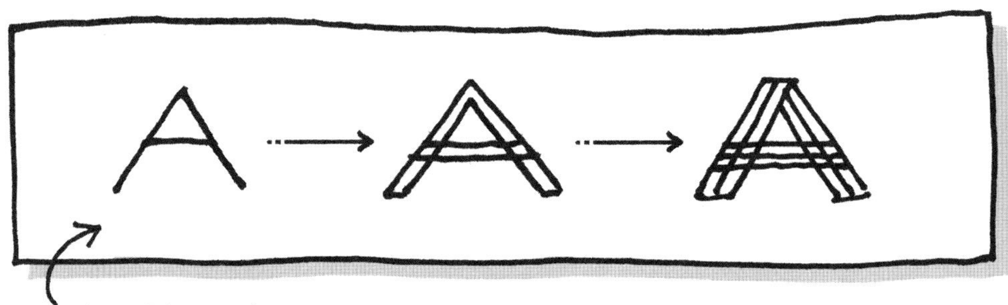

這3個字母的畫法，都使用相同的方式起頭。

鏤空字形

鏤空字形需要多花一點時間磨練技巧。
鏤空字形在使用得當時，
是最能讓讀者留下強烈印象的好方法。
不論是用在封面當標題，或想強調一個關鍵重點時，
效果都非常好。

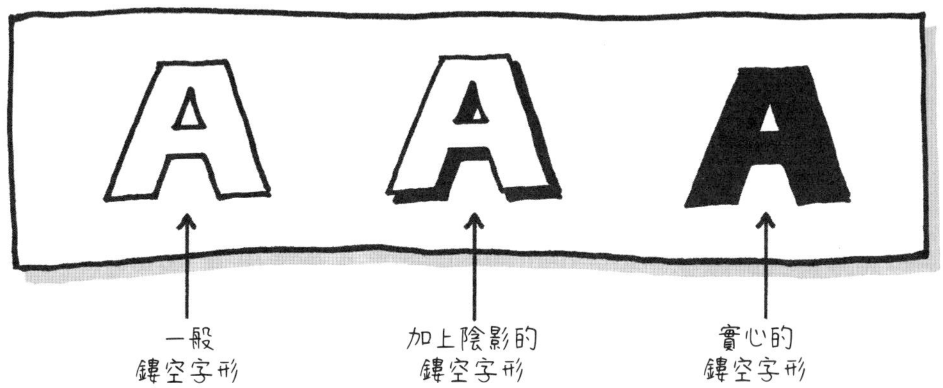

運用上述所有的手繪單字畫法，
你可能當下必須畫起頭的幾個字，其餘的要留待以後再完成。這也無妨，只要記得在完成塗鴉筆記時，
回頭補上已經有起頭的手繪字句即可。

練習描繪字形

勤練手繪字形的技巧，有助於你在會議中快速為塗鴉筆記設計出各式字形。接下來幾頁，就來練習創作單線字形、雙線字形、三線字形及鏤空字形。

單線字形：

ABCabc

雙線字形：

ABCabc

三線字形：

ABCabc

鏤空字形：

ABCabc

the PEN IS MIGHTIER

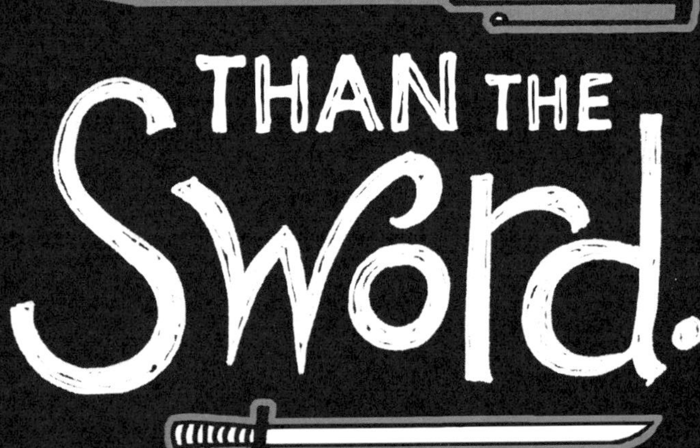

筆鋒之利，銳過刀劍

如何寫出一手好字

雖然大的字形元素用來突顯特定段落和想法，效果奇佳，但在筆記中記下詳細的想法時，你的手寫字仍然必須清晰易懂。

10年前，我寫字只用正楷大寫字，完全放棄小寫字。後來我花了好幾個月苦練，才又找回寫小寫字的手感。因此，如果你寫的字潦草又難辨認，一定也有希望改過來的！放慢腳步練習，持續努力吧！

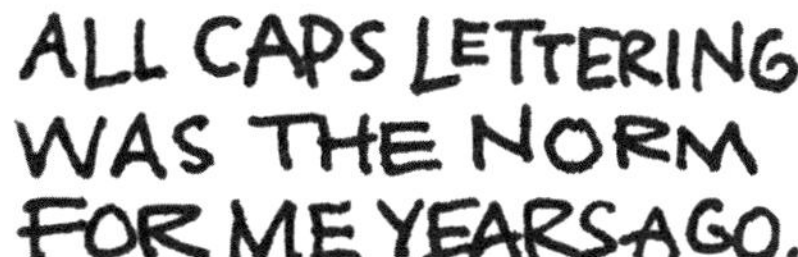
ALL CAPS LETTERING
WAS THE NORM
FOR ME YEARSAGO.

幾年前，我寫字母
很習慣全部用大寫。

Lots of practice
helped me break
that habit.

多多練習後，
幫我改掉這個習慣。

我以前全用大寫字。

我現在的小寫字。

我的書寫祕訣：

需要寫出一手清晰易辨認的字時，我覺得以下的祕訣很有幫助：

❶ 練習

每天只要練習幾分鐘就會有顯著的效果。

❷ 放慢速度

一筆一畫，專注於每個文字中。別趕時間！

❸ 放輕鬆

放鬆握筆，寫字時記得放鬆緊繃的雙臂。

各種繪圖視覺元素

視覺元素能為你的塗鴉筆記增添不少趣味性，
而且形狀和尺寸可以有多種變化。
以下是一些你可以多加練習的實用視覺元素：

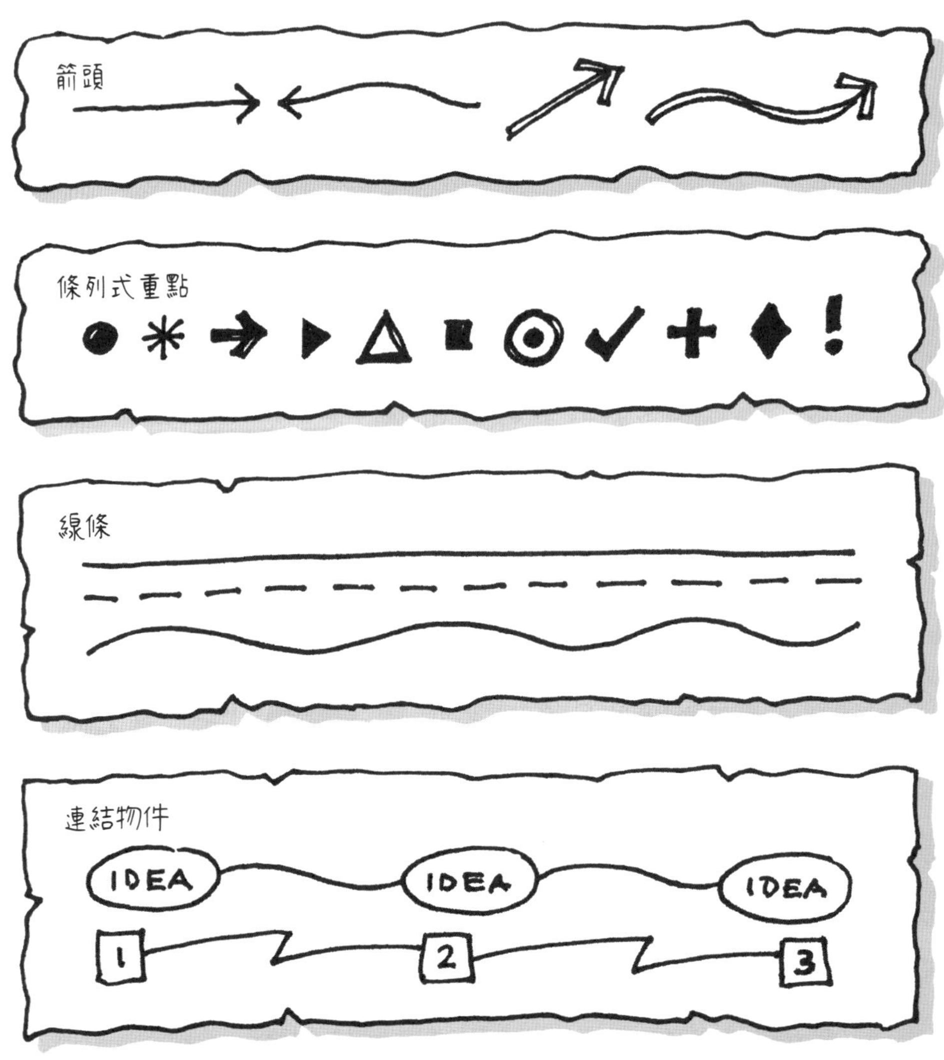

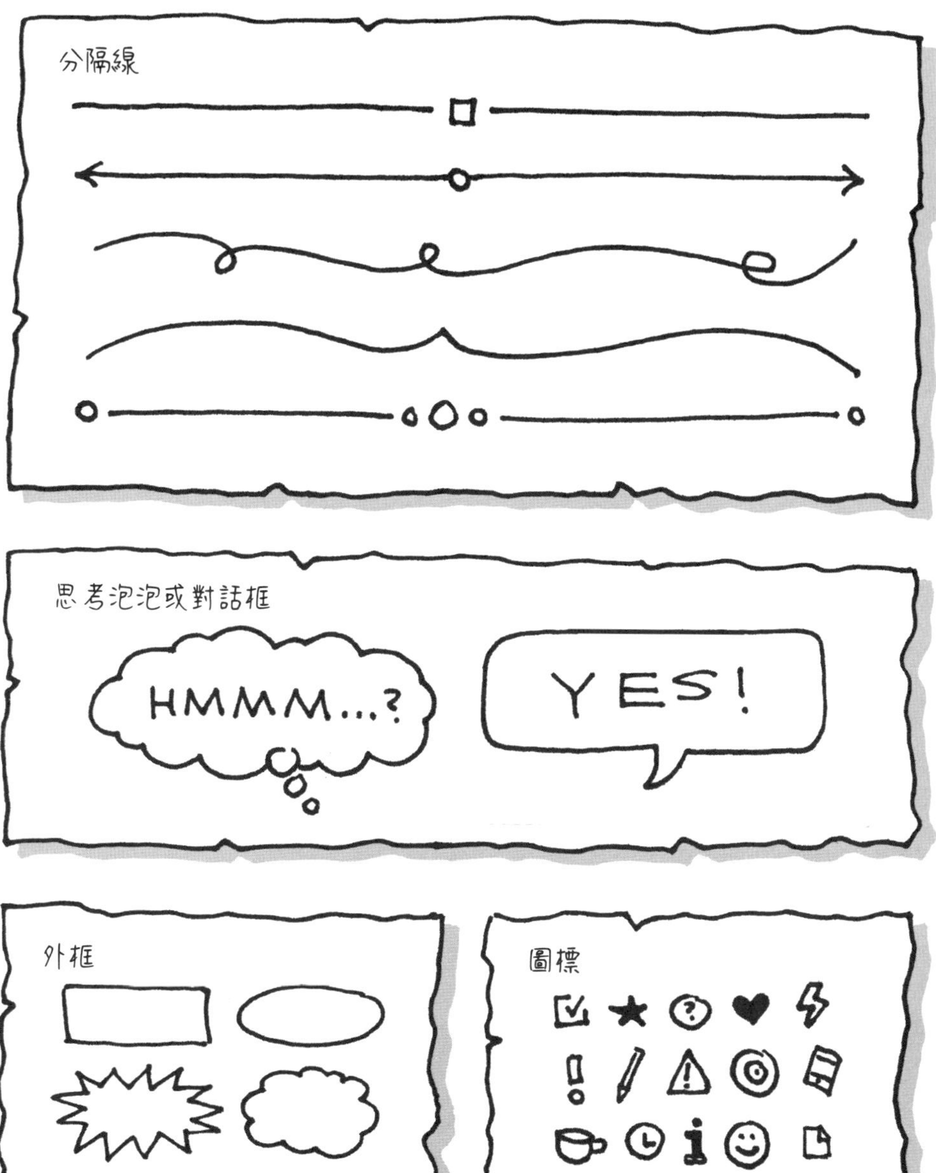
分隔線
思考泡泡或對話框
HMMM...?
YES!
外框
圖標

打造視覺庫

當你學習並練習畫出在本章探索到的所有視覺元素時，其實就等同於正在打造你的視覺庫。

學習這些技術是豐富視覺庫的絕佳方法。閒暇時，你還能有另一項挑戰自己的活動，可以試著畫出腦海中想到的事物。

舉例來說，使用本章提供的練習頁面，畫出你記憶中的廚房或辦公室物品。一邊想著你家的烤麵包機、咖啡機、電腦或訂書機，一邊畫出來。

鞭策自己的大腦去思索小而不起眼的物品，並使用 5 種基本繪畫元素畫在書中。這種視覺化練習，挑戰你打開心眼去「看見」事物，再將它們以簡單圖形表現出來。

練習再練習

當你畫完書中的練習框格後，還要持續練習。用空白紙張、便條紙、口袋型筆記本，甚至是廣告傳單的信封背面，繼續充實視覺圖庫內的新物件。

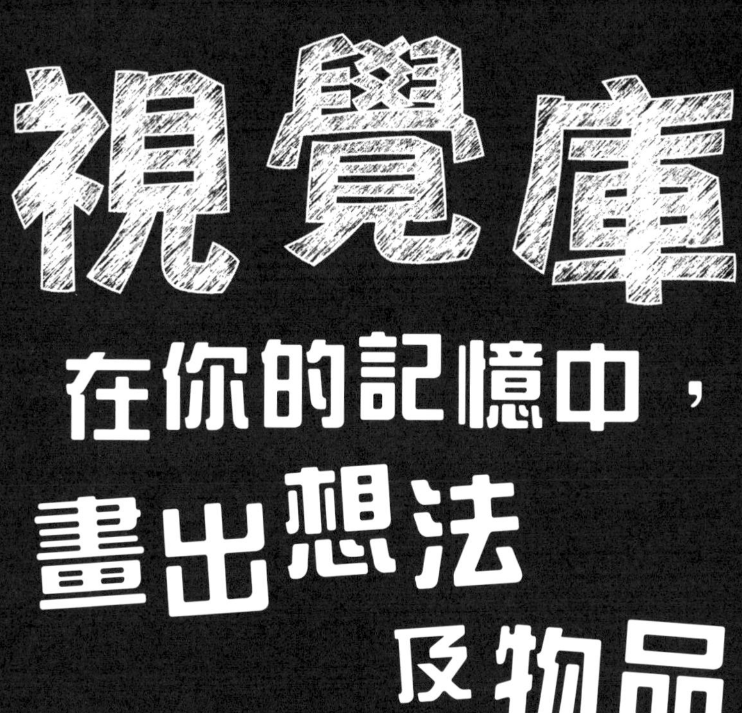
有一座
館藏豐富的
視覺庫
在你的記憶中，
畫出想法
及物品
易如反掌

視覺庫練習：廚房

在下方框格中，盡可能畫出你想得起來的所有廚房用品。

記得要用5種基本元素來畫。

視覺庫練習：辦公室

在下方框格中，畫可能畫出你想得起來的所有辦公物品。

記得要用5種基本元素來畫。

畫出各種隱喻

隱喻為一種修辭手法，是利用一個已知概念的特徵，
去形容另一個顯然不相干的概念。
巧妙的隱喻要仰賴生動的形象化描述。

隱喻應該大膽與幽默

我記錄在塗鴉筆記中成效最好的隱喻，向來都是非常大膽，
且帶點誇張。我喜歡用幽默的概念畫出隱喻，
因為有趣的圖像會令人驚奇，更有可能留下深刻的印象。

世界和平

全球資訊網

心願清單

創造隱喻的關鍵

下筆塗寫隱喻時，請任由想像力自由奔馳。
別害怕，竭盡所能的瘋狂、可笑或異想天開吧！
我在塗鴉筆記裡創作出的最荒誕無稽插畫，
往往最令人難忘。

約翰昏頭了

時光飛逝

火爆脾氣

★

探索特別

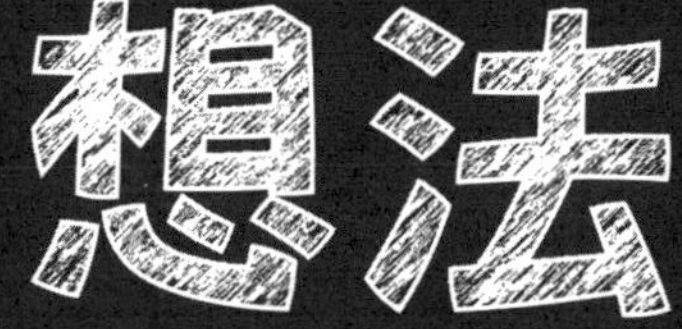

當做隱喻。
最奇異古怪的想法
引人注意，
也令人難以忘懷。

★

關於塗鴉筆記工具

任何紙張、筆記本、鉛筆或墨水筆，都可拿來創作塗鴉筆記，只不過有些紙筆就是更順手。

我個人喜歡用口袋大小的Moleskine素描本，因為尺寸夠小，而且不論放在口袋或背包都不容易折損。

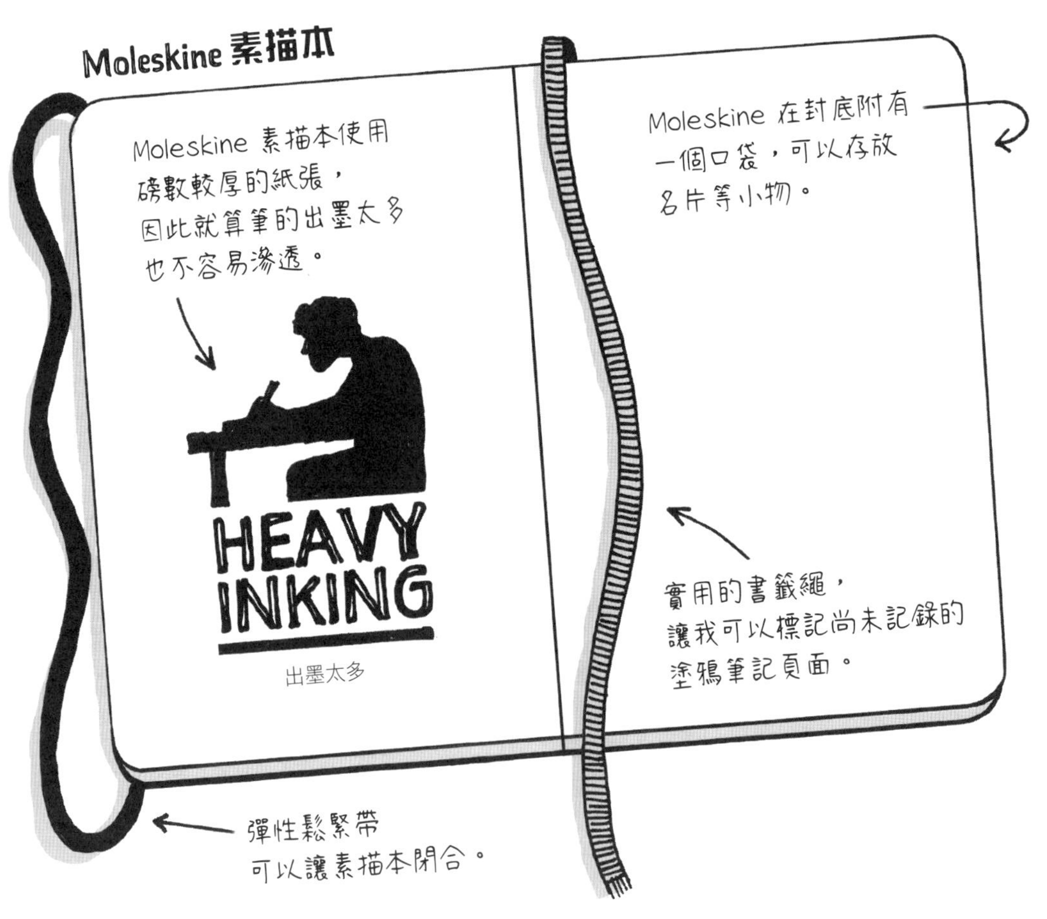

Moleskine素描本
Moleskine素描本使用磅數較厚的紙張，因此就算筆的出墨太多也不容易滲透。
HEAVY INKING
出墨太多
Moleskine在封底附有一個口袋，可以存放名片等小物。
實用的書籤繩，讓我可以標記尚未記錄的塗鴉筆記頁面。
彈性鬆緊帶可以讓素描本閉合。

此外，Moleskine 的跨頁用來做線型版式的塗鴉筆記，效果很棒。範例如下：

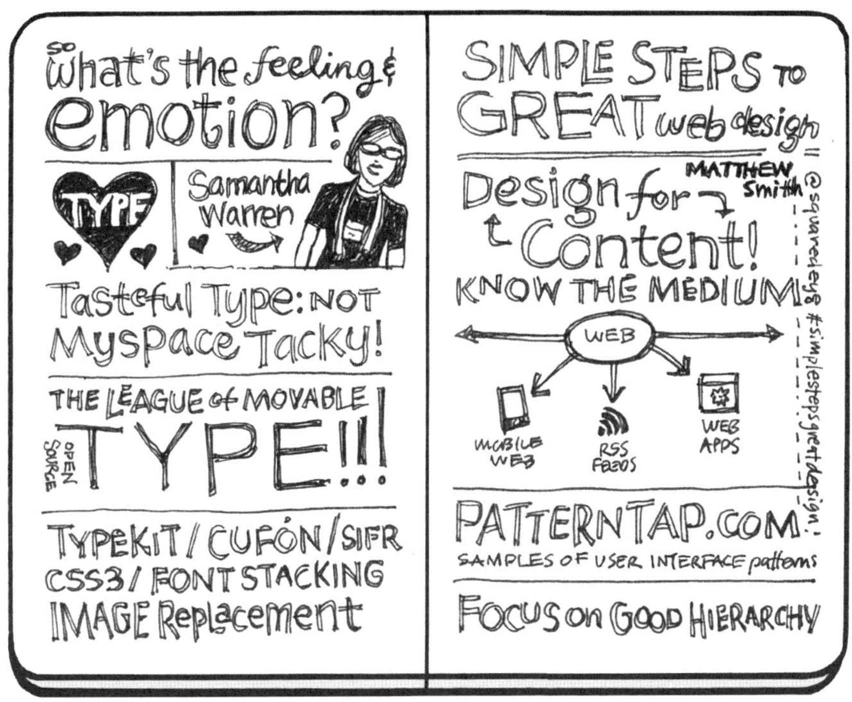

Mike Rohde • SXSW Interactive 2010

我的風格是以強烈對比、黑白的字形和插圖，呈現特寫效果。因此我會使用粗的 0.7mm 中性筆。

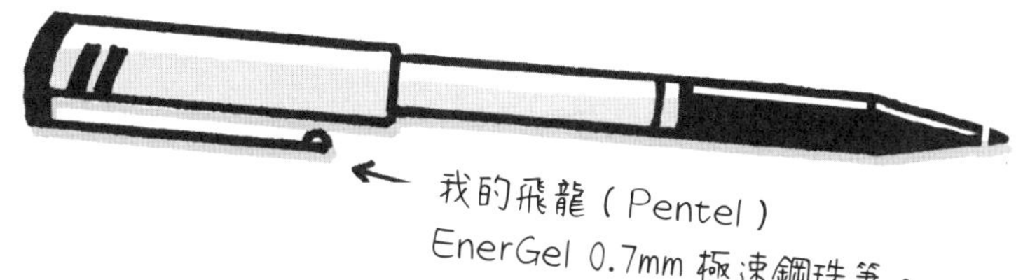

其他筆記本和筆

有些塗鴉筆記創作者偏好方形或有線圈的筆記本。
也有人習慣先用比較細的黑色線條打底，
之後再用彩色簽字筆、色鉛筆，甚至是水彩，
為筆記增添色彩。

線圈素描本

Amanda Wright • Don Norman

線圈筆記本
可以攤平於桌面上，
很好用。

線圈筆記本
可以迅速翻頁，
使用者很輕鬆
就能翻到需要的
頁面。

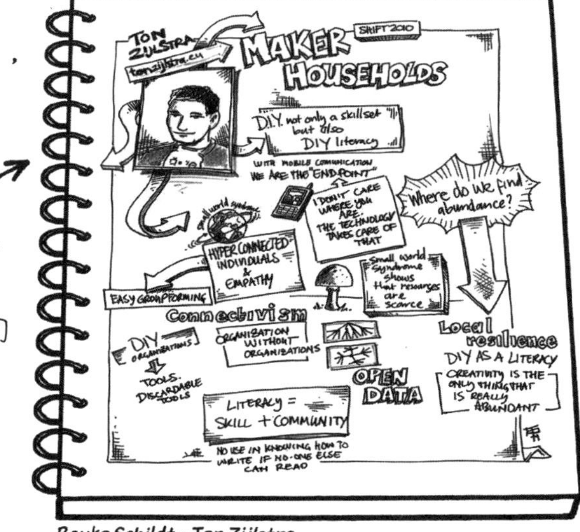

Bauke Schildt • Ton Zijlstra

筆的選項 包括快乾的中性筆、原子筆或麥克筆（0.3～0.5mm 細芯）。
有想要強調的部分就用麥克筆或彩色鉛筆吧。

你可以自行選擇想使用的紙筆。
多嘗試幾種筆記本風格、墨水筆和麥克筆，
直到找到自己使用最上手的
最適合組合為止。

大方分享塗鴉筆記

要分享塗鴉筆記，簡便的方式就是利用智慧型手機拍照上傳，複雜的方式就是在電腦上利用掃描器輸出高解析度的掃描檔案。

我經常交替使用兩種方法來分享作品。

智慧型手機

智慧型手機隨身攜帶很方便，而且能夠拍出高畫質的照片，可用來備份與分享。

利用手機的拍照功能，再到你喜歡的社群網站
貼文分享你創作的塗鴉筆記，
立即能吸引他人來欣賞你的作品。

分享時要加上一段簡短
但清晰的活動相關說明，
再加上一個可以看到
你的作品的連結，
有助於他人了解演說
內容，並分享你的
塗鴉筆記。

你的塗鴉筆記要易懂，
而且方便分享，這會更吸引讀者瀏覽，
甚至和全世界的人分享。

數位相機

另一個選擇是攜帶一台高端、口袋型的傻瓜相機，或是數位單眼（DSLR）相機，讓你可以拍下作品照片，日後分享。

我發現在會場即席塗鴉筆記時，口袋型傻瓜相機兼顧到質感與輕便攜帶性。

掃描器

優質的平台掃描器可以輸出最好的圖像，尤其當你需要將筆記轉成 PDF 檔，或印成紙本手冊時。

我偏好使用 USB 供電的小型掃描器，因為必要時我能直接攜帶至活動會場，當場將作品掃描成 PNG 檔案，然後轉換成 PDF 檔案，或將定稿輸出至印表機印刷。

我會利用 Photoshop 調整對比和層次，筆記的每個跨頁最後存檔時也會分別存在不同的圖層。這方便編輯，以及大量塗鴉筆記的輸出。

繪圖證照

CHRIS SHIPTON

克里斯・希普敦

漫畫家

英國牛津

CHRISSHIPTON.CO.UK

EQUIPMENT 工具：

我偏好Moleskine素描本。
但目前正在嘗試LEUCHTURM 1917……
做塗鴉筆記時，
我喜歡用百樂（PILOT）
SIGN草圖筆，
加上輝柏（FABER CASTELL）
PITT PEN（B）藝術筆，
以及幾枝MAG K麥克筆……

關於我：我一直在畫畫

也和大多數人一樣，
在學時期經常
因此挨罵

AT ART SCHOOL…
在藝術學校時……

你知道嗎？我可是有插畫的學位……

青少年時期……
那枝筆交出來！
不要！

某人視為被亂畫的物理課本，
在另一個人心目中卻是塗鴉筆記！

後來……！

什麼塗鴉？

CLICK
CLICK
點擊滑鼠

OUT

IN

你能想像我的驚訝嗎？
有一天，上網閒晃時，我發現
塗鴉筆記竟然真有其事！！

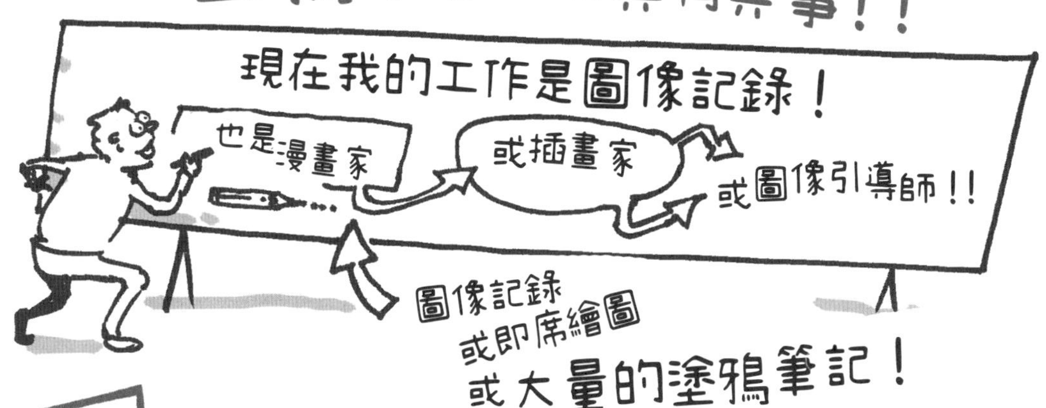

現在我的工作是圖像記錄！
也是漫畫家
或插畫家
或圖像引導師！！
圖像記錄
或即席繪圖
或大量的塗鴉筆記！

TOP TIP #1
提筆塗畫前的首要祕訣

WARM UP
先暖身！
FIRST!

PHONE BOOK

還記得古董電話嗎？
還有滿滿塗鴉的
電話簿嗎？
塗鴉筆記的原型！

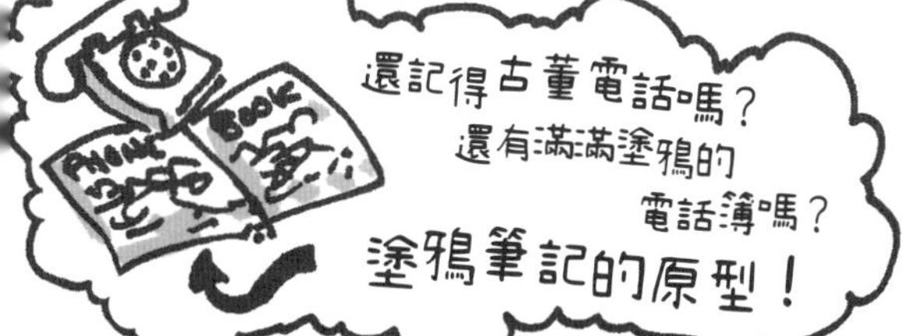

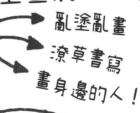

[www]
PAUL
保羅・梭皮賽特
SOUPISET
[dot com]
這塊留白是故意的！
BLANK
聽簡報覺得很無聊嗎？
畫點裝飾點綴吧！
和 SOUPISET 押韻的字：CHEVROLET, FABERGE, MANDALAY, HOLIDAY...
趕時間嗎？先用 SHARPIE 簽字筆概略寫出標題，之後再回頭描畫輪廓
A→A
LIVES IN
SAN ANTONIO, TEXAS, USA,
住在美國德州聖安東尼奧
Y'ALL.
在白天，我是
創意總監 & 圖像設計師
任職於：
TOOLBOX
STUDIOS
專做品牌
置入式行銷的公司。
鑽研字形
手寫文字
盡情玩！
我的塗鴉筆記風格或多或少呼應我的設計創作：運用幾何學圖形、字形，也講究頁邊留白，但仍然保有……
輕快風

我會準備一些
隨手可拿的紙張，
以防講者在我為筆記上色時，
突然說出
有見地的觀點……
祕訣
大多時候
我會使用
Staedtler
代針筆
永遠別低估文象
帶來的強烈效果。
STAEDTLER pigment liner 0.3
防水！
不要苛求自己
非得要努力抄下每個字。
簡明扼要為重！
DRAWING SINCE 1970
1970 年，
開始畫圖
SKETCHNOTING SINCE 1984*
*在還沒冠上這個名稱之前，
我的筆記就是塗鴉出來的。
它們一直非常視覺化。
祕訣
Moleskine 出品的
水彩繪本，
紙張的厚度、紙表細緻的紋路
令人滿意。
@soupiset

me

HELLO!

哈囉！我是凱爾・史提德

MY NAME IS KYLE STEED

I LIVE IN
THE
LONE
STATE

Texas

我住在……別名「孤星之州」的德州

AMANDA
艾曼達
家裡還有
我太太

以及
兩隻
BEN
班
瘋狗
SAM
山姆

我的吃飯傢伙

HAND-DRAWN

手繪插畫和設計

ILLUSTRATIONS AND DESIGN

活頁紙
畫畫時，
我愛用
MICRON
代針筆
MICRON .03
用這枝傢伙
包准
不出錯
筆記本
FIELD NOTES
MOLESKINE 素描本
JUST HAVE fun
只要玩得開心就好
我能給的
最好建議

我在推特的帳號 @KYLESTEED | 造訪我的網站 KYLESTEED.COM

恭喜你！

本書已來到尾聲了，相信現在你已經更了解塗鴉筆記，以及該如何做塗鴉筆記了。

請切記以下幾件事：

★ 起步慢慢來

剛起步時，塗鴉筆記只塗畫四分之一的頁面即可，等技巧逐漸提升後再慢慢擴增做筆記的頁面範圍。

★ 累積成功經驗

先嘗試幾項技術，功力持續提升時，請為自己的進步歡呼。不要給自己太大壓力。

★ 仔細聽

排除干擾、仔細聆聽，並全神貫注。你越常訓練聆聽能力，進步得越快。

★ 簡筆畫圖

運用5種基本元素畫出簡單的形狀，就像小孩畫出來的圖一樣。記住，畫功不佳的圖依舊能傳達出很棒的概念！

★ 不斷探索

在塗鴉筆記的過程中，找到你自己的方法。每個人都有獨特的構思方式，以及記錄想法的模式。

★ 分享

別藏私！我誠摯邀請你在Flickr的塗鴉筆記群組上分享你的作品：

www.flickr.com/groups/thesketchnotehandbook

GUESS WHAT?

☑

YOU CAN DO THIS.

Yes, you really can!

☑

你做得到。

別懷疑，你真的可以！

SO GET Sketchnoting!

WE'RE ON THIS JOURNEY TOGETHER.

動手塗鴉筆記吧！

讓我們一起開展這段旅程。

致謝

這個龐大的寫作計畫，讓我明白自己擁有的家人、朋友、同事和社群是多麼難能可貴，沒有他們就沒有這本《直覺式塗鴉筆記》誕生。

蓋兒（Gail），妳是這份名單上最最重要的一個。雖然妳當時有孕在身，依舊在許多夜晚和週末給予我支持和鼓勵。謝謝妳和我分享這份願景，我愛妳！

內森（Nathan）、**林尼亞（Linnea）**和**蘭登（Landon）**，謝謝你們的大力支持。身為你們的父親，我希望作品能讓你們感到驕傲。

馮・格里斯卡（Von Glitschka），和你一起在波特蘭吃泰國菜，激發了我的靈感。謝謝你願意相信我，並且在我們剛用完餐就立刻向出版社推銷我的想法。

妮基・麥當諾（Nikki McDonald），謝謝妳願意考慮這個出書計畫，以及自始至終的支持，甚至說服妳的團隊投入。還有在這條漫長、困難的創造過程中，一直陪伴、督促我。最重要的是，謝謝妳一起完成這份獨一無二的作品。

安・瑪麗・沃克（Anne Marie Walker），妳是最棒的編輯。妳不斷挑戰我，讓這本書變得更好。謝謝妳讓我隨時準備應戰，而且讓我的文字如此優美。

Peachpit 出版社，真的很開心能和你們的團隊一起共事。每個人都既專業又好相處。謝謝南希（Nancy）、葛蘭（Glenn）、卡特琳娜（Katerina）、咪咪（Mimi）、盧培（Lupe）、夏琳（Charlene）、艾咪（Amy）、艾力克（Eric）、莉茲（Liz）和詹姆士（James），你們讓我第一次的寫書經驗如此精彩。

大衛 · 福卡特（David Fugate），謝謝你在出書協議時提供的專業協助。再也找不到比更棒的經紀人了。

戴爾富 · 韋斯林頓（Delve Withrington），謝謝你創造出我專屬的手寫字形，讓我不用每個字都用手寫，省下許多時間。

示範塗鴉筆記的達人：Binaebi Akah、Craighton Berman、Boon Chew、Veronica Erb、Jessica Esch、Alexis Finch、Michelle George、Eva-Lotta Lamm、Gerren Lamson、Matthew Magain、Timothy Reynolds、Francis Rowland、Chris Shipton, Paul Soupiset，以及 Kyle Steed。謝謝你們的貢獻。

布萊恩 · 阿爾卡（Brian Artka）、蓋博 · 沃倫博（Gabe Wollenburg）、史蒂芬 · 默克（Stephen Mork）、馬克 · 費爾班克斯（Mark Fairbanks）和辛提亞 · 湯瑪士（Cynthia Thomas），謝謝你們在創作過程給予的鼓勵。

強 · 穆勒（Jon Mueller），謝謝你讓我使用你演說時所記下的塗鴉筆記，做為本書的重點。很榮幸成為你的好友，非常感謝你在我生平第一本書中提供的指引。

我的朋友和同事們，謝謝你們在創作過程中的評論和回饋。因為你們的協助，這本書才能如此完美。

給塗鴉筆記社群，謝謝你們這麼多年來的支持。將本書傳遞給新的讀者群時，我非常興奮且樂見我們的社群不斷成長茁壯。

直覺式塗鴉筆記〔修訂版〕
塗鴉筆記之父找回專注力、激發靈感創意的圖像記錄心法

The Sketchnote Handbook: The Illustrated Guide To Visual Note Taking

※本書為改版書，初版書名為《直覺式塗鴉筆記：不用落落長文字，5個元素、幾筆簡單線條，做出令人驚豔的圖像式簡報》

作者	麥克・羅德（Mike Rohde）
譯者	向名惠
商周集團榮譽發行人	金惟純
商周集團執行長	郭奕伶
視覺顧問	陳栩椿

商業周刊出版部

總編輯	余幸娟
責任編輯	林淑鈴、高佩琳
封面設計	劉麗雪
內頁排版	傅婉琪
出版發行	城邦文化事業股份有限公司 - 商業周刊
地址	104台北市中山區民生東路二段141號4樓
傳真服務	（02）2503-6989
劃撥帳號	50003033
戶名	英屬蓋曼群島商家庭傳媒股份有限公司城邦分公司
網站	網站 www.businessweekly.com.tw
香港發行所	城邦（香港）出版集團有限公司 香港灣仔駱克道193號東超商業中心1樓 電話：(852)25086231 傳真：(852)25789337 E-mail：hkcite@biznetvigator.com
製版印刷	中原造像股份有限公司
總經銷	聯合發行股份有限公司　電話：（02）2917-8022
初版1刷	2020年7月
定價	台幣350元
ISBN	978-986-5519-11-7（平裝）

國家圖書館出版品預行編目(CIP)資料

直覺式塗鴉筆記：塗鴉筆記之父找回專注力、激發靈感創意的圖像記錄心法 / 麥克・羅德（Mike Rohde）作；向名惠譯. -- 2版. -- 臺北市：城邦商業周刊, 2020.07

224面；17 × 23公分

譯自：The Sketchnote Handbook : The Illustrated Guide To Visual Note Taking

ISBN 978-986-5519-11-7（平裝）

1.筆記法 2.圖表

494.4　　109007708

藍學堂

學習・奇趣・輕鬆讀